你不胖！

只要 3 秒
就能變成體態美人

只要 3 秒
就能變成體態美人

只要 3 秒
就能變成體態美人

# 體態美人的30秒正骨法

你不是胖！

骨正，人就瘦！

## 說在前頭

# 現在就放棄未免太早了吧！不管你是誰，永遠有變美的機會！

BEFORE

**骨骼歪斜，**
**體態不優美，**
**怎麼看都覺得胖！**

即使減重還是瘦不下來，就算精心打扮，看起來還是好土，已經有點自暴自棄了……

反正一定瘦不下來……
不管怎麼努力都是白費力氣……

Reset!!

3秒鐘
體型重塑

我還是很有魅力的呀！

**姿態端正，**
**身形苗條纖瘦，**
**怎麼看都是個美人！**

維持良好姿勢，身材就能變得美麗。成為散發自信的「美人」再也不是夢！

AFTER

關於「變美」一直是個很熱門的議題，在我們身邊永遠不乏各式各樣爆炸性的情報。「矯正骨骼」能夠使得體態變美，逐漸地被積極採納。比起按摩和肌肉訓練，調整骨骼更能明顯地達到體型重塑的目的，甚至連身體不適等症狀也得以改善，這樣的事實逐漸為眾人所知。實際上，前來光臨我沙龍店的顧客們，雖未刻意進行減重，身形卻顯得修長勻稱，簡直令人認不得似地，整個體態變得相當優美。

我在這本書中回應了來自於大眾的一個心聲，那就是：「如何利用更簡單的方法，靠自己變漂亮？」我介紹了前所未有的簡單方式，引導你一步一步塑造完美的身形。由於方法真的非常簡單，因此或許一開始你會無法相信，但請放心地跟著書的內容練習，你一定會對身形的變化大吃一驚！

變美永遠不嫌遲，請相信還有很大的機會能讓自己變美。就讓我們從這一刻開始，以成為「體態美人」為目標吧！

再也沒有什姿勢比這個更簡單、更深具效果！

就讓我們一起開始吧！

平常以美容整體師、訓練師的身分活躍於業界！

位於愛知縣的沙龍。因回流的顧客超多，所以每天的預約滿檔。

美容相關的書籍，這已是第三本了。在這三本書中，這本書所提到的變美方式是最簡單的！

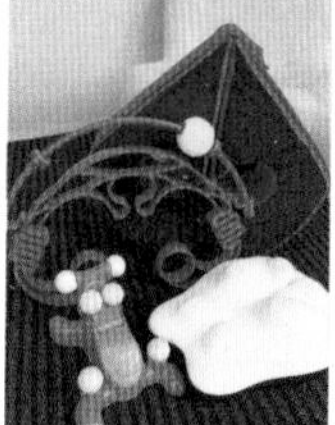
力求活得更美更健康！為了幫助人們活用矯正技術，開發了相關商品。

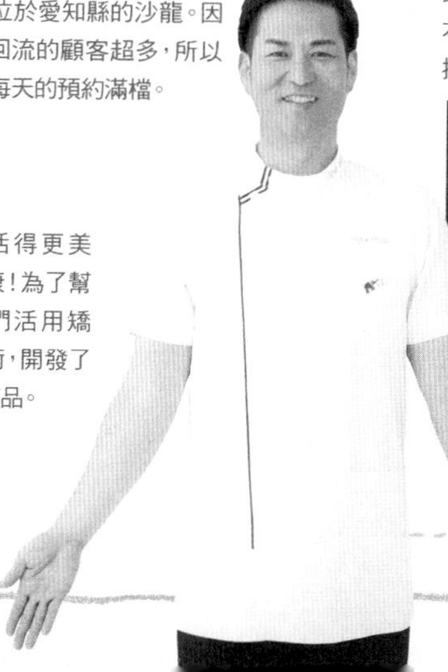

美容整體訓練師

**波多野賢也**

CONTENTS

## PART 2 身材改變了！3秒鐘就能矯正骨骼

PART 3

## 想要改變身體……在日常生活中變美！



PART 4

## 以玲瓏有致的身材為目標！不同目的的骨骼矯正姿勢

PART 1

## 看起來顯胖！
# 體態醜的原因是什麼呢？

如果完全只在意臉蛋或體重，說不定會不知不覺變成「體態醜」，
身形比實際體重看來更有分量！
究竟顯胖的原因是什麼呢？

# 為什麼不能如願以償地瘦下來呢？

小歪小姐，請儘管放心！我來教你一種可以瘦得更美的簡單方法吧！
你、你是誰啊?!
怎麼突然冒出來!!
我是神人整體訓練師波多野賢也!!
美麗身形重要的關鍵並不在於體重，而是體態的勻稱！
就算年齡增長，就算體重增加，還是能永保青春美麗。所以請不要輕言放棄！
啊？可疑的傢伙——！
哈哈……
想要介紹給小歪的就是這個！可以矯正骨骼的簡單姿勢！
3秒!?
這個姿勢只要持續保持3秒鐘，就能輕輕鬆鬆變成一個體態美人！

# 胖嘟嘟是因為體態醜的緣故嗎!?

「你認為自己與小苗的差異是什麼呢？」

「咦？應該是體重吧？小苗本來就很瘦了嘛～」

**小苗**
小歪的朋友。身材隨時保持苗條，是周遭親友一致公認的美女。

**小歪**
本書的主角，總覺得「只要瘦下來，就能變美人！」

雖然體重也是原因之一，
但最大的差異是……
整體身形的勻稱感！
大驚～
你的姿勢不良！ 體態不佳！
所以，身材看起來
比實際體重還要胖！
很遺憾……你是屬於
體態醜的身形!!

不曉得大家最常檢視自己身體的哪個地方呢？是臉蛋？還是體重？事實上，美的三大條件是「姿勢・肌膚・頭髮」。

女人往往只注意到自己的體重或臉蛋，然而，人們的第一印象卻是取決於姿勢或體態。體重增加當然會造成外觀上的肥胖，但是，有時明明體重沒有那麼重，還是感覺胖胖的，這就是與體重無關的顯胖。如果身形不勻稱，或許你就是屬於姿勢不良的「體態醜」。

「如果希望別人覺得你好看，體態遠比體重來得重要哦！」

「可是，你說的『體態』不是會因為體重而改變嗎？」

# 決定外觀的不是體重而是體態

「走在街上的兩個人，倘若體重相當，
哪一位看起來會比較好看呢？」

好討厭，最近又胖了啦～
我懂我懂！
B小姐
A小姐

**「當然是B小姐啊！」**

**「沒錯！外表給人的印象，並非是體重，而是因為體態！身形的勻稱感會產生莫大的差異哦！」**

即使再怎麼要好的閨密，也不會彼此告訴對方諸如體重的私事吧！就算體重相同，有人看起來顯得胖胖的，有人卻看起來身材很好。

隨著年齡的增長，由於經年累月的重力影響，或是不良的姿勢與習慣，以及身體的衰弱、壓力等因素，都容易促使身體平衡趨於惡化。僅靠著減重一途，就能使身材顯得曼妙的年齡，只限於身體還沒產生歪斜或鬆弛的二十五歲以前。一旦體態開始失衡走樣，就算體重沒有增加，也會整個看起來顯得肥胖。

殘酷的事實是……
僅靠著減重一途，
就能使身材顯得曼妙的年齡，
只限於二十五歲以前！
只看上半身，外形就會有相當大的差異！
A 小姐
聳肩駝背，下巴前推。看起來就一副沒自信的樣子。
B 小姐
頸部線條看起來美麗而細長，雙肩也自然垂放。整個人顯得落落大方。

# 你屬於哪一種體型？

## 不平衡的體態醜

### 不管怎麼努力，下腹依然凸起的體型

雖然外表還不至於到「胖」的程度，屬「一般」體型，但是下腹部就是會凸出來！大部分都是因為隨著歲數增加而產生體型變化，或是生產過後的鬆弛。

### 看似軟綿綿的肉肉體型

皮膚淨白柔嫩，給人虛肉軟趴趴的印象。全身上下圓潤豐腴，經常運動不足，有時也有肩膀痠痛的問題。

比體重更重要的是
**「全身的平衡」**
你是否也變成了這樣的體型？

| 天生吃貨！體脂肪高的體型 | 毫無自信的陰沉體型 | 身體壯碩・肌肉發達看起來很大隻的體型 | 外表雖然纖細，實際上卻…… |
| --- | --- | --- | --- |
| 即使不斷地反覆減肥，但全身的脂肪卻遲遲無法減少。由於天生好吃，屬於易胖體質，很容易就不由自主地放棄減肥。 | 體態或體重並沒有想像中的那麼糟糕，卻總是駝背，一副無精打采的模樣。走路沒有抬頭挺胸，姿勢不佳。 | 總覺得身體結實精壯，容易給人魁梧的印象。肌肉強壯發達，摸起來的觸感緊實硬挺。容易發胖，因為喜歡運動，力氣很大。 | 乍看之下雖然身材纖細，實際上卻不見腰身，臀部也過大。雖然不論怎麼吃，上半身就是不會胖，下半身卻很容易發胖。 |

「大家都是因為體態上的失衡，才會看起來都胖胖的！」

「我才不要這樣的體態呢！和我的理想差太多了！」

# 全身

## 照鏡子仔細檢視一下吧！
## 你現在是哪一種體態呢？

**比體重更重要的是「全身的平衡」**
**請試著照鏡子，仔細檢視自己的身體吧！**

看起來顯胖的原因是
體態失去了平衡

也就是說……你的身體
# 已經產生歪斜了！

「凹凹凸凸的，完全沒有美感！」

「骨骼歪斜是造成身形難看的根本原因。
讓我們來透視一下導致體態醜的骨骼吧！」

## 檢查 自己的站姿

請自然地站在鏡子前面，
試著仔細觀察自己的體態。
全身不要出力，
好好地確認自己真實的模樣！

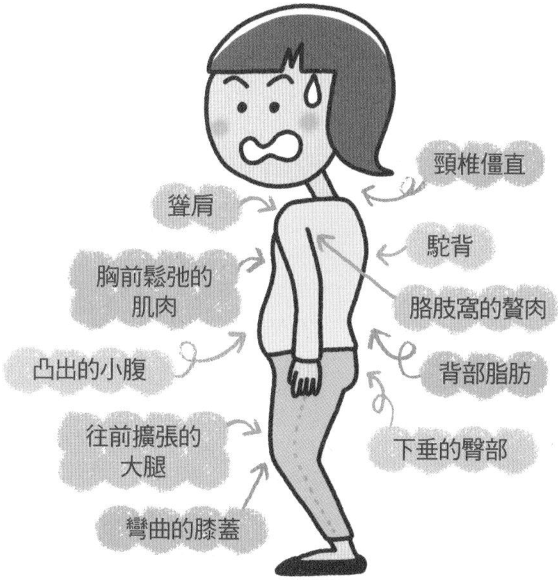
頸椎僵直
聳肩
駝背
胸前鬆弛的肌肉
胳肢窩的贅肉
凸出的小腹
背部脂肪
往前擴張的大腿
下垂的臀部
彎曲的膝蓋

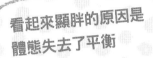

# 造成體態醜的原因是骨骼歪斜

「小歪小姐，請看這張透視圖！
你的身體透視後就是這個模樣！」

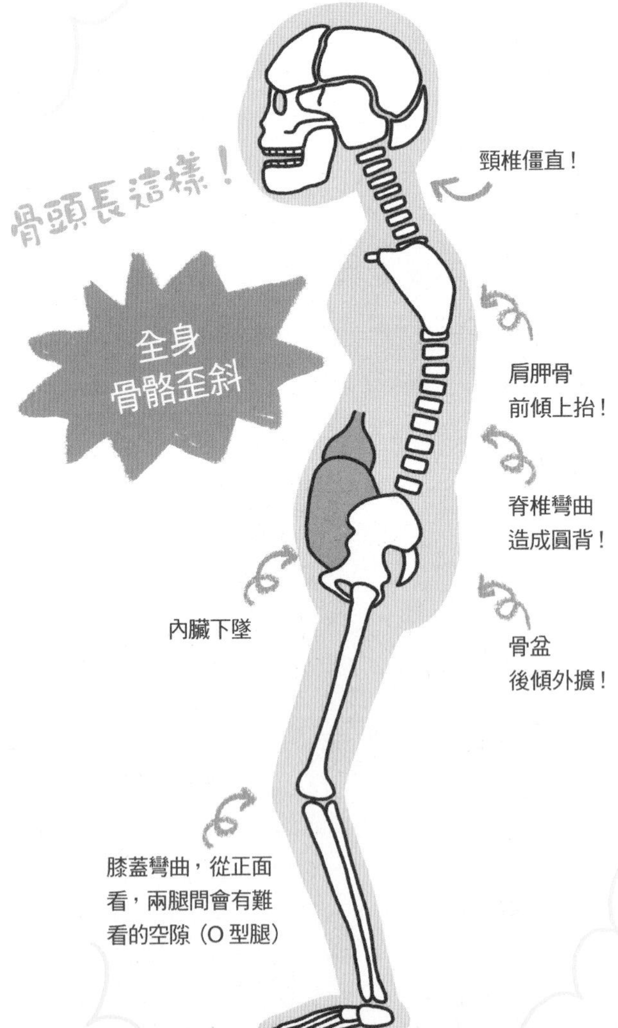
骨頭長這樣！
全身
骨骼歪斜
頸椎僵直！
肩胛骨
前傾上抬！
脊椎彎曲
造成圓背！
骨盆
後傾外擴！
內臟下墜
膝蓋彎曲，從正面
看，兩腿間會有難
看的空隙（O 型腿）

## 「你啊！就是因為骨骼歪斜，才會造成體態醜！」

## 「骨骼!?不是因為脂肪嗎？」

「體態醜」的元凶就是骨骼歪斜，這會導致一個人看起來胖胖的。你一定沒想過，由於每天的姿勢、重力、年齡的增長與生活習慣等，骨骼產生了歪斜，體態也因而失去了平衡。

骨骼一旦歪斜，肌肉就無法正確地發揮作用，脂肪也會因此代謝失衡而囤積在身體內。更可怕的是，一旦骨骼歪斜，還會導致我們的呼吸變淺。倘若持續惡化下去，血液循環也會因此變差，進而導致基礎代謝下降、脂肪不易燃燒等一連串的惡性循環。總之，骨骼一旦歪斜，就會逐漸演變成「體態醜」的後果。

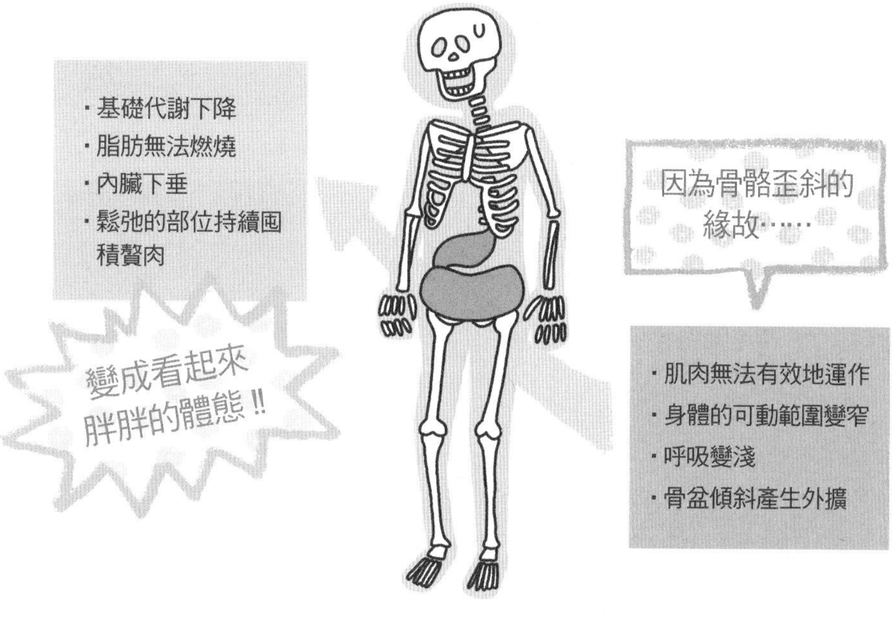
因為骨骼歪斜的緣故……
・肌肉無法有效地運作
・身體的可動範圍變窄
・呼吸變淺
・骨盆傾斜產生外擴
・基礎代謝下降
・脂肪無法燃燒
・內臟下垂
・鬆弛的部位持續囤積贅肉
變成看起來胖胖的體態!!

# 只要骨骼端正，就能變得苗條纖細！

「接著，就來透視
小苗小姐的身體吧！」

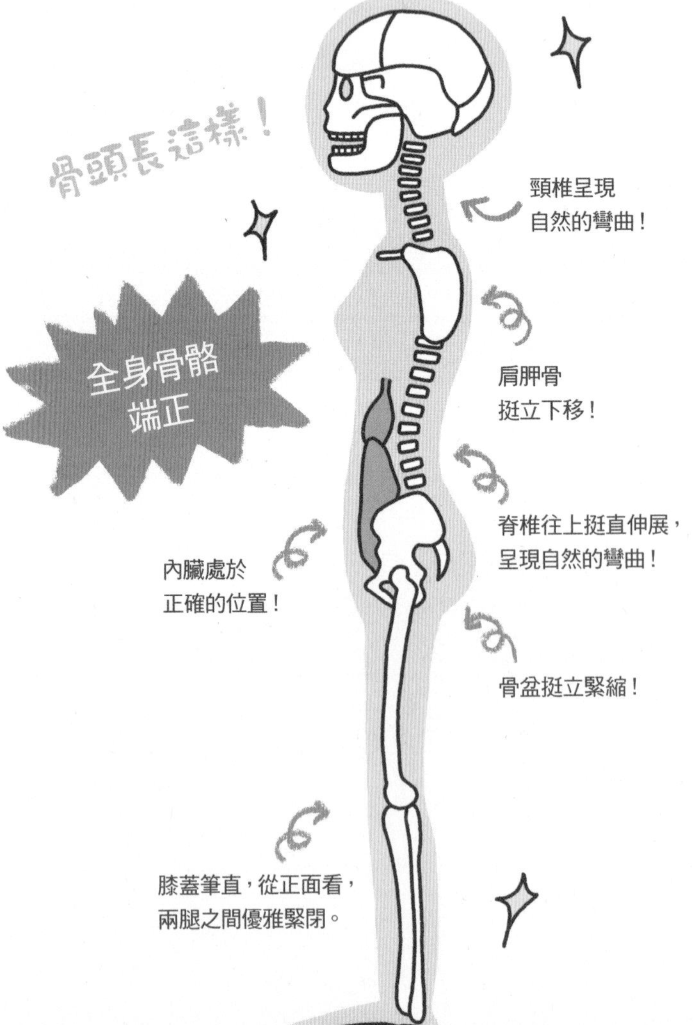
骨頭長這樣！
全身骨骼
端正
頸椎呈現
自然的彎曲！
肩胛骨
挺立下移！
脊椎往上挺直伸展，
呈現自然的彎曲！
內臟處於
正確的位置！
骨盆挺立緊縮！
膝蓋筆直，從正面看，
兩腿之間優雅緊閉。

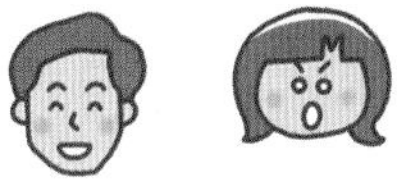

**「和我完全不同！」**

**「沒錯，因為骨骼端正，體態就美！」**

看起來苗條纖瘦的體態美人，骨骼端正，歪斜程度很小。這都要歸功於原本的骨骼就優良，平常的姿勢也保持良好，因此不易出現歪斜症狀。這樣的美人平時也應該有正確地做好骨骼保養的工作。

體態美人的頸椎呈現自然的彎曲，肩胛骨處於正確的位置，背脊挺直伸展。由於骨盆也處於挺立緊縮的狀態，因此內臟不致下垂，小腹的問題也就不必過於擔心。

因為骨骼端正，肌肉與脂肪都能各得其所、維持平衡比例，加上代謝也通暢，因此得以塑造出美麗而易瘦的體質。

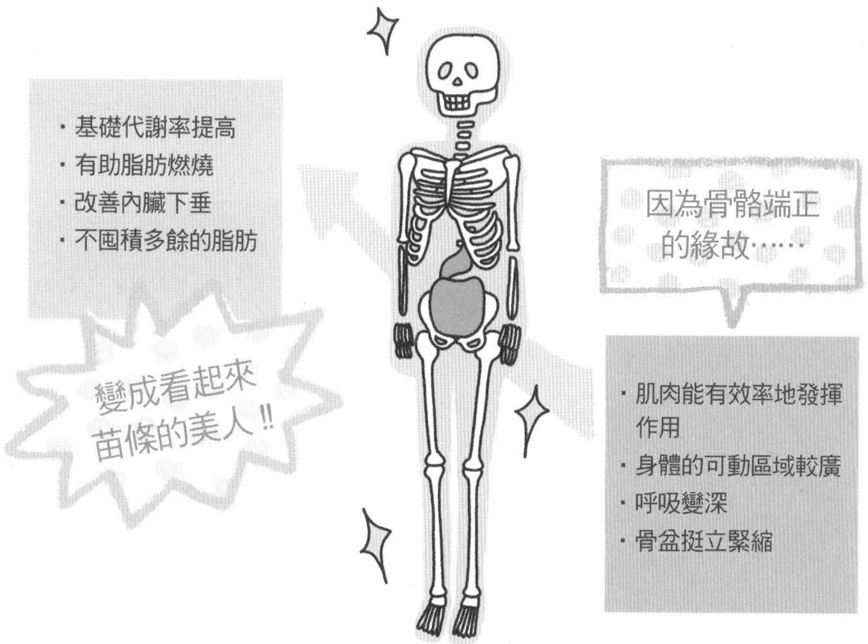
因為骨骼端正的緣故……
・肌肉能有效率地發揮作用
・身體的可動區域較廣
・呼吸變深
・骨盆挺立緊縮
・基礎代謝率提高
・有助脂肪燃燒
・改善內臟下垂
・不囤積多餘的脂肪
變成看起來苗條的美人!!

# 你的骨骼健康嗎？

## 骨骼歪斜檢測

### 1.上半身的檢測

方法

坐在鏡子前，
仔細檢視身體的歪斜程度

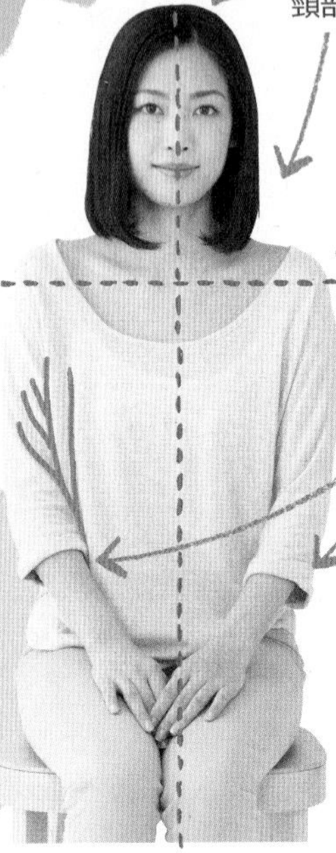

頭部是否
偏左或偏右？

頸部是否下沉縮脖？

左右肩膀是否
呈現高低肩？

肩部是否
向前傾？

袖口左右的
位置是否
高低不齊？

Point!!

**檢視衣服的皺褶**

衣服上皺褶愈深或愈多的地方，就證明那個地方的骨骼有歪斜或扭曲的情形。穿著西服時如果衣服歪扭，也是一樣的道理。

如果骨骼
沒有歪斜……

肩部的高度或位置會呈現左右均衡，頸部線條看起來顯得纖細修長。

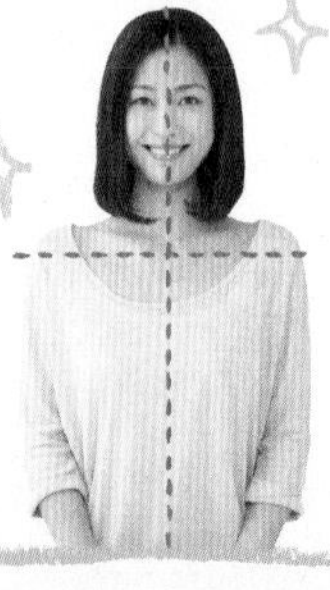

NG!

站立後，
照鏡子仔細看

不同於體態上的檢視，以鏡子觀察全身的方式並沒有辦法檢視出骨骼是否歪斜。這是因為站在鏡子前自我檢視時，身體會自然地以雙腳保持平衡，以致於無從觀察骨骼是否有歪斜的情況。

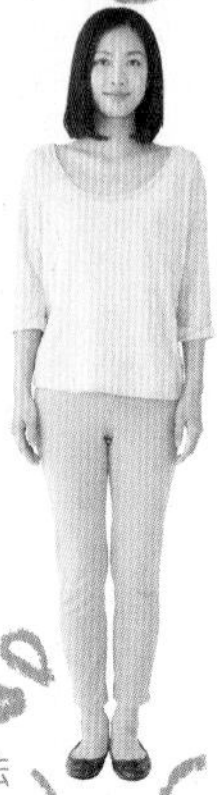

會想盡辦法
站好

# 2.下半身的檢測

臉部朝向正前方，
閉上雙眼

手臂大幅度前後擺動

**方法**

閉上雙眼，
直接在原地踏步15秒

Point!!

**腿部盡可能地往上抬高**

最好以膝蓋呈90度彎曲的方式，將大腿往上抬高。如果抬得不夠高，身體會自然地以雙腳保持平衡，這樣就無法進行檢測了。

※ 依據年齡或身體狀況的差異，檢測過程有可能頭暈而腳步踉蹌，或是左右腳互相絆倒。敬請多加留意。

如果向右方偏移
表示右邊的骨盆錯位

如果向後方偏移
表示骨盆後傾

如果向前方偏移
表示骨盆前傾

如果轉了一圈
表身體嚴重歪斜

如果向左方偏移
表示左邊的骨盆錯位

# 骨骼歪斜應該如何改善？

**如果為了改變姿勢而勉強用力，反而會使骨骼更加歪斜。**
**若想自行矯正，請務必使用正確的方法！**

「自行土法煉鋼是不行的喔！
反而會造成不必要的歪斜！」

「可是，我沒有時間進行整骨治療，
最重要的是，我也沒有錢啊！」

為了調整身體骨骼，很多人會刻意挺直脊梁，放低肩膀，縮小腹……想藉由這些所謂的「正確姿勢」，以土法煉鋼的方式自行矯正骨骼，但這其實是自以為是且毫無意義的方法。由於身體的骨骼已經歪斜，經年累月之下骨骼已經定型，這個時候身體其實已經無法做到所謂的「正確姿勢」，而且還可能因此使骨骼歪斜得更加嚴重。

想要矯正骨骼必須以正確的「角度」、「方向」以及「方法」來進行，自行土法煉鋼則極有可能招致意想不到的悲慘結果，請務必留意。

沒問題，
敬請放心！
我將教你如何以
簡易的方式矯正骨骼，
幫助你變身成美人！
美人!!
關鍵在於
手掌！

Column 1

# 為什麼身體會歪斜呢？

人類全身大約有206塊骨頭，這些骨頭支撐著整個身體。說得誇張一些，就算只是一塊骨頭失常也可能會導致全身骨架失衡，並因此而衍生出全身性的歪斜。

骨骼歪斜的成因很多，舉凡平時的姿勢或行為、重力、年齡的增長、壓力以及體重增加（→P. 80）等都有可能造成骨骼歪斜。有些生活習慣我們平常不太會去在意，例如雙腳呈W型坐姿、托腮、翹腳等等，對於這些不良姿勢與壞習慣，假如持續放任不管，就會使自己的骨骼狀態逐漸往不好的方向發展，最終演變成身體歪斜。

也許有的人會說：「每次身體活動時就會產生歪斜。」我不能說這句話有錯，「歪斜」的確是人類難以避免的一件事，不過，只要多多留意每天生活中的姿勢，並持續進行保健，就可以改善歪斜的症狀。

PART 2

身材改變了！

# 3秒鐘就能矯正骨骼

骨骼端正的美人養成術!?

自行矯正骨骼好簡單，輕輕鬆鬆就做得到！

# 想要擺脫體態醜的窘境！

CAFE
竟然說我體態醜……老師真是過份！
不過，經他這麼一說……
那個人的臉蛋很美，妝容也無懈可擊，但總覺得下半身太胖了呀！這算是體態醜吧？
那個人的小腹凸出來了！她應該以為別人不會發現吧？不過，還滿明顯的耶！這也算是體態醜吧？
唉呀！姿勢太糟糕了！頭部向前傾，超級駝背……真是可惜了！典型的體態醜啊！
這麼看來，體態醜的人還真是多啊！
原來如此啊～

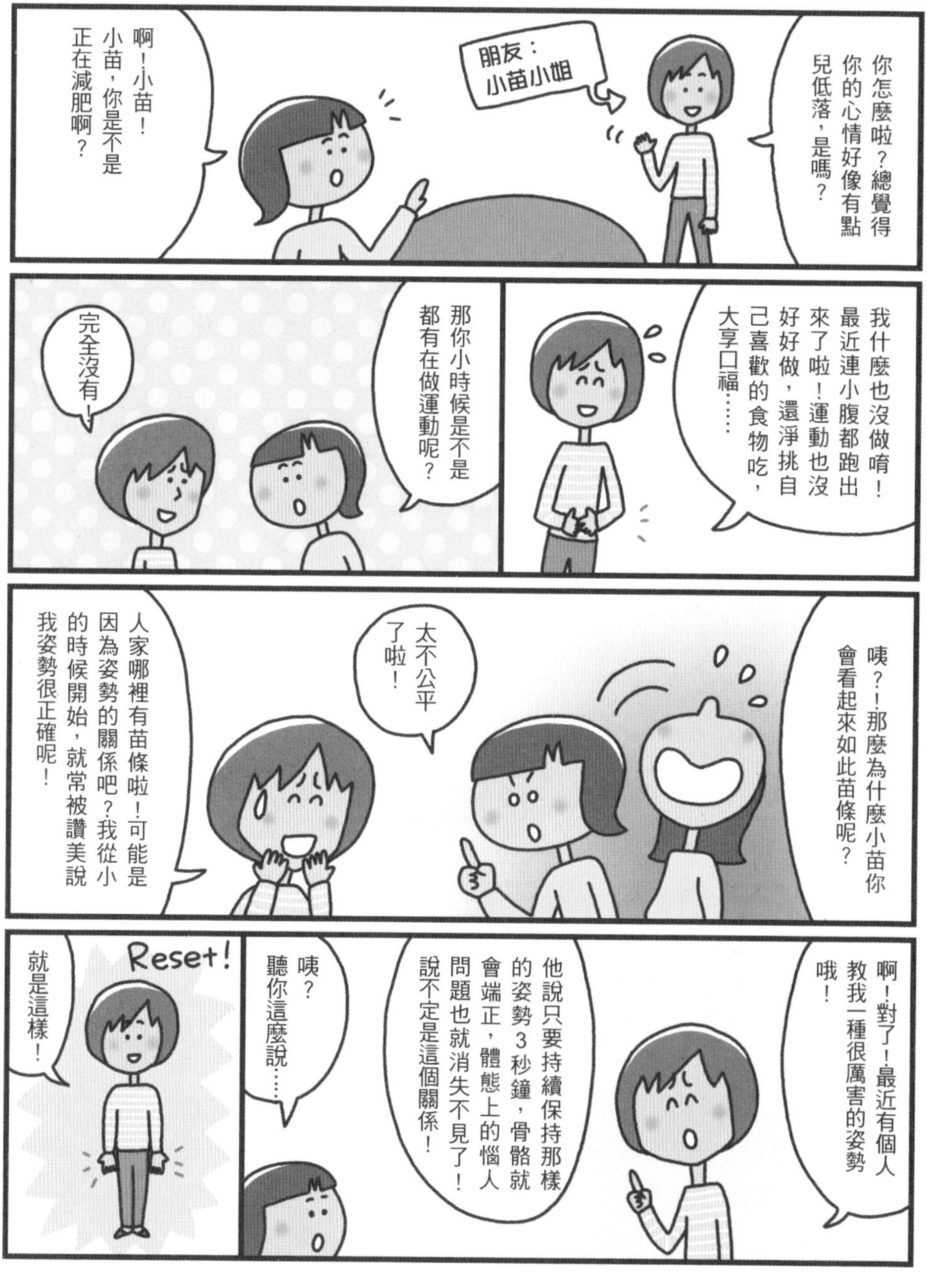
你怎麼啦？總覺得你的心情好像有點兒低落，是嗎？
朋友：小苗小姐
啊！小苗！小苗，你是不是正在減肥啊？
我什麼也沒做唷！最近連小腹都跑出來了啦！運動也沒好好做，還淨挑自己喜歡的食物吃，大享口福……
那你小時候是不是都有在做運動呢？
完全沒有！
咦？！那麼為什麼小苗你會看起來如此苗條呢？
太不公平了啦！
人家哪裡有苗條啦！可能是因為姿勢的關係吧？我從小的時候開始，就常被讚美說我姿勢很正確呢！
啊！對了！最近有個人教我一種很厲害的姿勢哦！
他說只要持續保持那樣的姿勢3秒鐘，骨骼就會端正，體態上的惱人問題也就消失不見了！說不定是這個關係！
咦？聽你這麼說……
Reset!
就是這樣！

# 美人都是將手肘內側轉向正前方……!?

「你知道美麗模特兒們的
共通之處是什麼嗎？」

©Can Stock Photo Inc. / dotshock

**美麗的模特兒是「體態美人」的代表人物……**
**她們的站姿裡隱藏著祕密！**

「提到模特兒，每一位美女的手肘內側都是轉向正前方的哦！」

「咦?!我們一般人難道不是這樣嗎？」

何謂手肘內側
轉向正前方？

突然改變是件困難的事，與其一直心想著要把手肘內側轉向正前方，不如掌握一個關鍵部位，那就是「手掌」！只要將手掌轉向正前方，自然而然地，手肘內側也會轉向正前方。

# 手掌是矯正骨骼的關鍵！

哦哦！
駝背好像治好了！
感覺脖子也伸直了！

**只是將手掌轉向正前方，身體就會自然而然地伸展開來，**
**背脊也跟著往上挺直！**

## 「想要矯正歪斜的骨骼，手掌是關鍵！這是利用骨骼的連動原理來進行復健的唷！」

人類拿取物品或書寫的時候，雙手的活動範圍大多是在身體的前方，因此身體逐漸會往前傾或向內側彎曲。因此，漸漸地就形成骨骼歪斜，產生了駝背或圓肩的症狀。

一旦將手掌轉向正前方，就能使鎖骨挺直，肩胛骨也會因此往後靠攏、下降，胸骨會因而擴展，脊椎會得到伸展，骨盆變得挺立。如此一來就塑造出了體態的黃金比例。

這就是所謂「骨骼的連動」。體態美人由於骨骼端正，不知不覺之間就能夠產生正確的骨骼連動，手肘內側與手掌也就因此會同時轉向正前方。

### 由手掌開始的骨骼連動結構

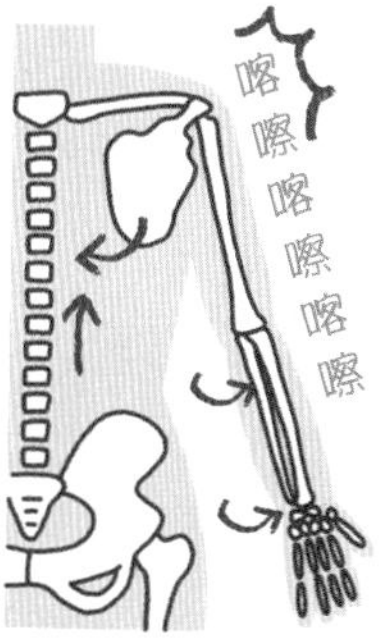


**當手掌翻向前方……**

手掌像是一個開關，手掌動向與角度的改變會引發各部位的骨骼連動，包括手肘、肩膀、肩胛骨、背脊、骨盆等。當手臂向外展開時，肩胛骨會隨之收緊，使得脊椎得到伸展。

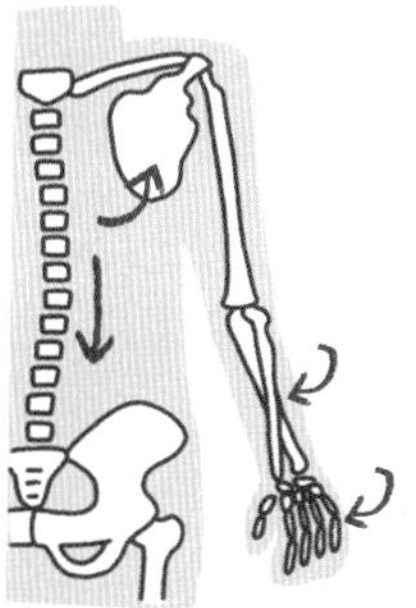

**當手掌翻向內側……**

當手掌翻向內側時，手臂會跟著扭轉，肩胛骨往左右外擴後上提，連動之後，背脊會彎曲，造成駝背情形。

一起來看看骨骼的連動吧！

# 藉由骨骼的連動來重塑體態!!

## 骨骼連動！

就讓我們來看看，藉由「骨骼連動」的機制，身體如何從「前傾」的體態醜，逐漸變成筆直修長的美麗體態吧！

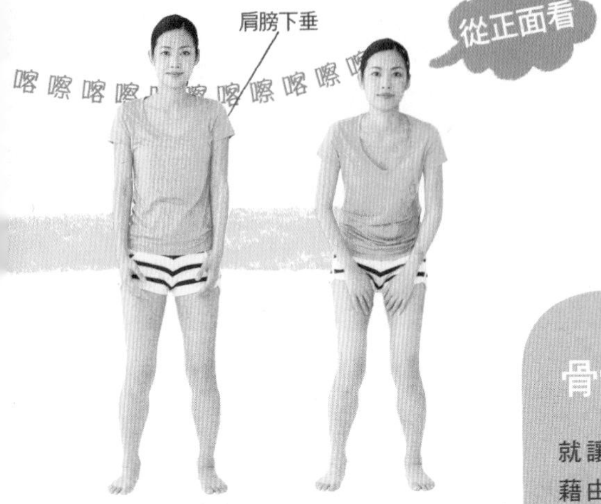

從正面看
肩膀下垂
喀嚓喀嚓喀嚓喀嚓喀嚓喀嚓


**體態就會翻轉！**

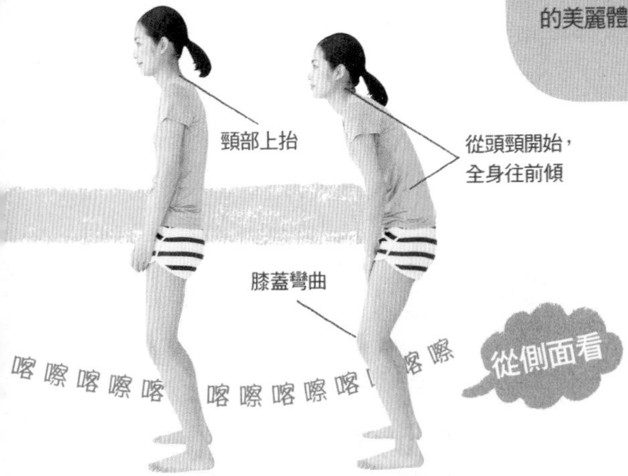

頸部上抬
從頭頸開始，全身往前傾
膝蓋彎曲
從側面看
喀嚓喀嚓喀嚓喀嚓喀嚓喀嚓


**臉部上抬 肩膀下垂**

原本前傾的頸部一旦挺了起來，臉就會跟著上抬，肩胛骨便逐漸放鬆垂下。

**全身大幅度往前傾**

頸部、肩胛骨、背脊、骨盆往前傾。身體為了取得平衡，膝蓋也會不自覺地彎曲。

## 全身骨骼進行連動 體態重塑更具效果

與其侷限在單點部位，集中於某一處進行保養，不如利用骨骼的連動，逐漸調整全身的姿態，這樣的方法更具有效果哦！其中的關鍵點就是手掌。

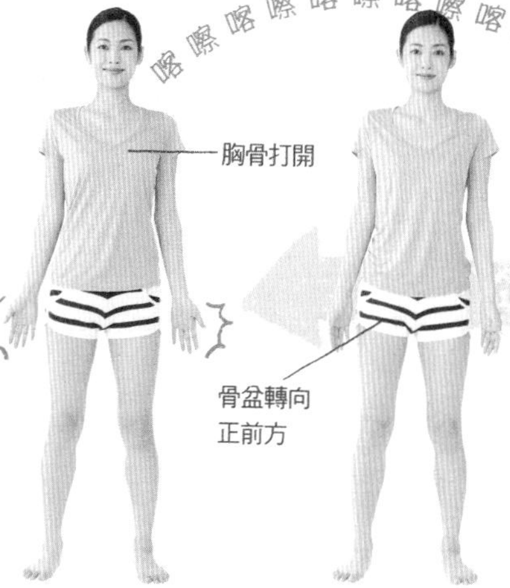


## 骨骼一旦端正，

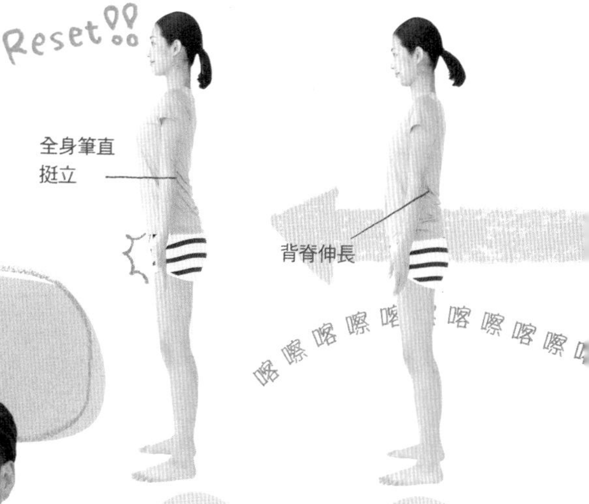


好好利用
骨骼的連動

我來介紹
**3秒骨骼矯正姿勢**

### 全身拉直伸展後 於下腹部使力

全身的骨骼進行連動後，身體呈現拉直伸展的狀態，下腹會往內縮。

### 背脊拉長伸展後 膝蓋變得筆直

從肩胛骨開始連動背脊、骨盆，全身逐漸變得筆直挺立。

前往下一頁！

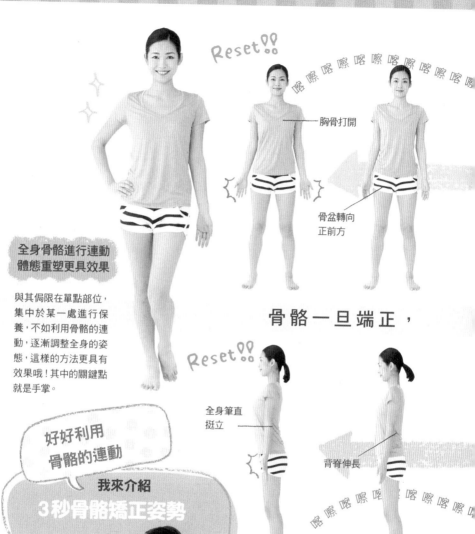

瘦身！

變成美人！

# 3秒骨骼矯正姿勢

把手掌作為開關，以此連動骨骼！導正原本歪斜的骨架，變身體態美人！

## 1

雙腳的腳後跟
併攏後呈90度打開

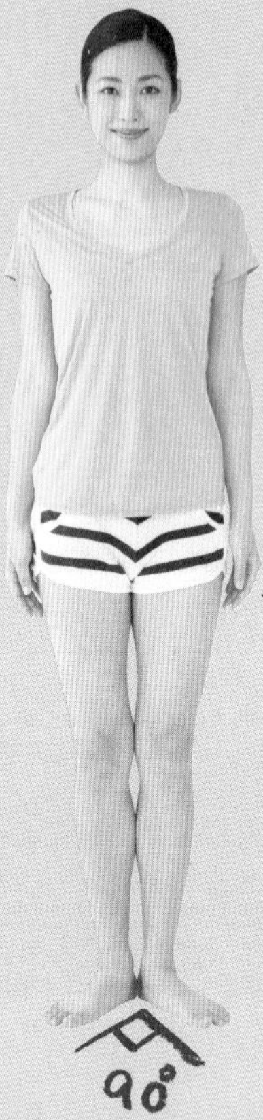


## 2

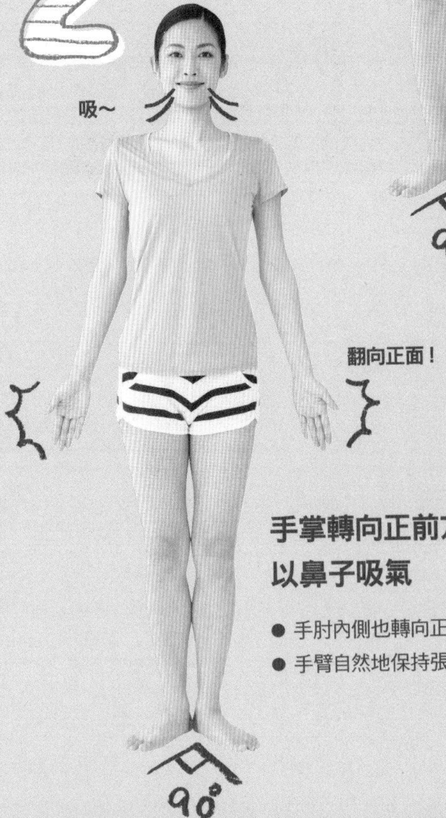


**手掌轉向正前方，**
**以鼻子吸氣**

- 手肘內側也轉向正前方（→ P. 38）
- 手臂自然地保持張開的狀態

## 3 一邊以嘴巴吐氣，一邊將雙臂往身體的中心用力靠緊

- 手掌請保持翻向正前方的狀態
- 有意識地將腹部拉直伸展

就這樣保持
**3** 秒！

1天 **7** 次～
只要喜歡，想重複做幾次都 OK！

Point!!

### 雙臂往身體用力靠緊！

維持手掌翻向正前方的狀態，將雙臂用力地往身體靠緊，藉由這個動作推動全身的骨骼與肌肉，藉由骨骼連動進行全身性的骨架調整。


重點&注意事項……
請看 P. 38至 P. 39

走路時&坐著的時候……
請看 P.46至 P. 49

# 很重要！注意手臂的扭曲狀況！

如果你的手臂扭曲得很嚴重……

**請優先將手肘內側轉向正前方吧！**

## 很多女生都有手臂扭曲的症狀

將雙臂往前伸直後，請試著將手掌翻向上方。此時，有的人手肘會翻向內側，有的人則會翻向外側，這都是源自於長期以來的身體歪斜。有些人因為工作的需要，例如使用電腦等，身體常常要向前傾，導致手臂扭曲。扭曲的情形如果很嚴重，通常會被稱為「猿腕」，但是對生活並不會造成阻礙。

### 手臂發生扭曲的情形時……

優先將手肘內側轉向正前方

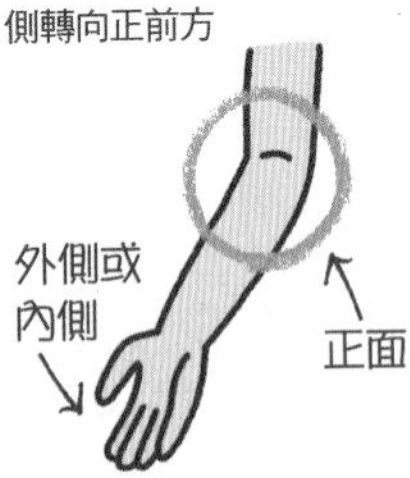

外側或內側
正面


### 手臂沒有發生扭曲的情形……

GOOD!

手掌與手肘的內側，兩者皆呈一直線翻向正前方。

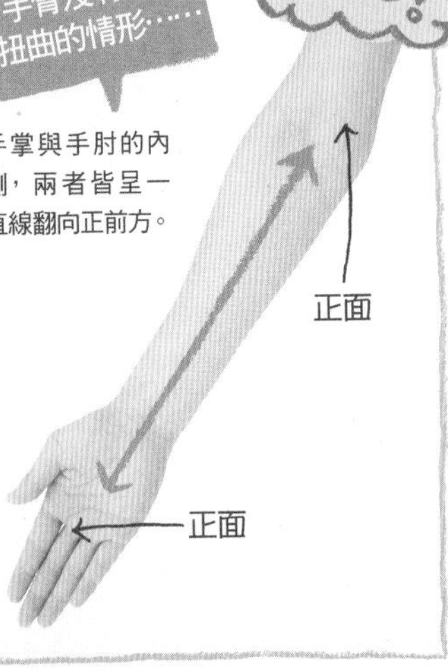

正面
正面


NG!

無論手掌或手肘內側，兩者都沒有翻向正前方

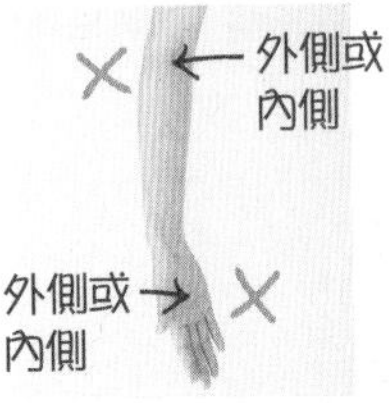

外側或內側
外側或內側

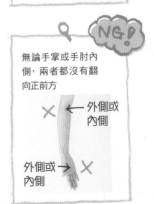

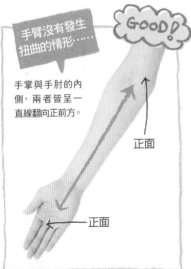

## 需要多加注意的NG姿勢！

「我擔心自己是否能夠做得正確……」

「一開始可在鏡子前擺出姿勢，然後進行確認就可以了哦！」

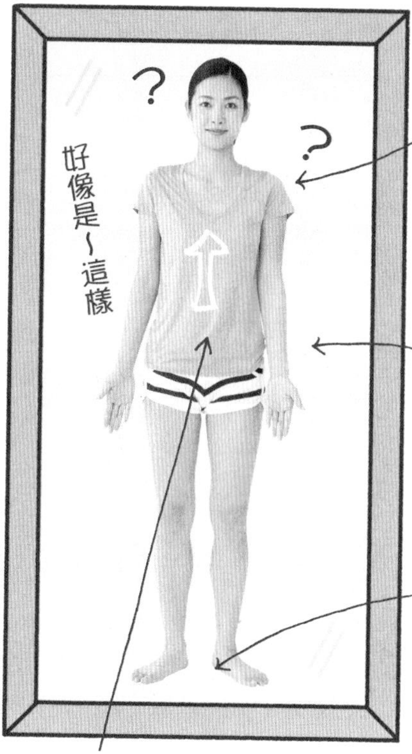


### 總覺得好像無法擺出正確的姿勢

正因為是簡單且3秒就能結束的姿勢，所以在擺姿勢的期間，請務必將意識集中於身體上！

### 一開始可試著在鏡子前進行

建議一開始練習時，可以站在全身鏡前，藉此確認身體是否傾斜歪扭，檢視手掌或手肘內側是否轉向正前方。

### 腳後跟併攏後呈90度打開

將兩腳的腳後跟併攏後呈90度打開，藉由這個方式可以幫助固定骨盆。

### 雙臂向身體靠緊後用力地伸展腹部

將雙臂往身體靠緊後，將腹部拉直伸展。只要意識到這一點，矯正效果就會大大提升！

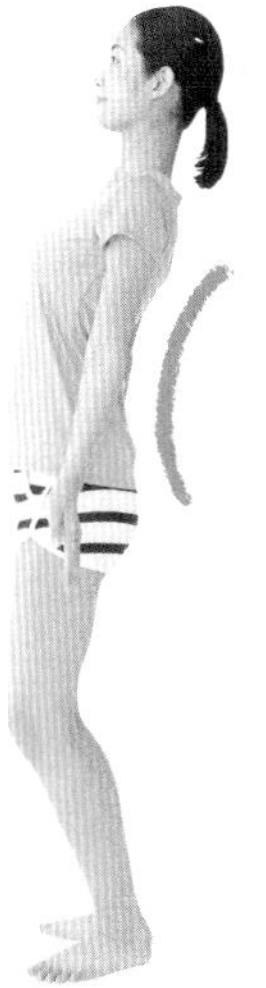

### 注意避免腰椎過度向前挺

請避免矯枉過正！如果太過用力，導致過度挺胸，腰椎就會向前彎斜。筆直端正的伸展才是重點。

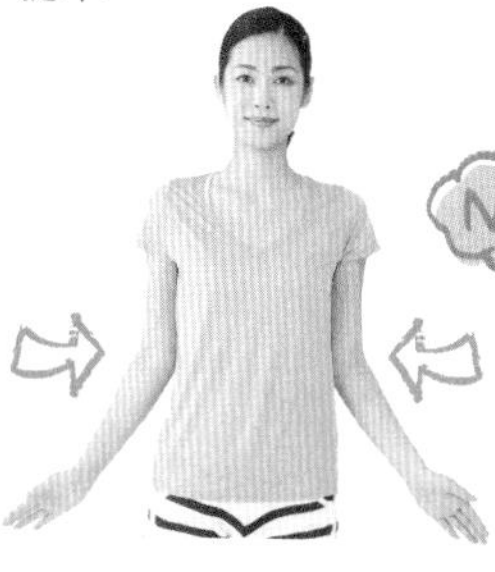

### 不能只有手肘部位緊靠身體！

整條手臂不彎曲，以筆直伸展的狀態往身體靠緊。手腕以下的部位則不一定要緊貼身體。

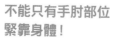

# 利用這一招調整骨骼&肌肉

哇！
這、太簡單了吧!!
老師，這一招真的對骨骼有效嗎？
沒問題的！
對全身的骨骼都有效唷！
而且對肌肉也有效哦！

**僅僅維持3秒鐘的一個姿勢，真的可以調整全身性的歪斜嗎？**
**追根究柢，關鍵就在於「骨骼的運動」！**

## 雙臂用力靠緊身體，全身骨骼就能得以連動！

骨骼矯正的過程……

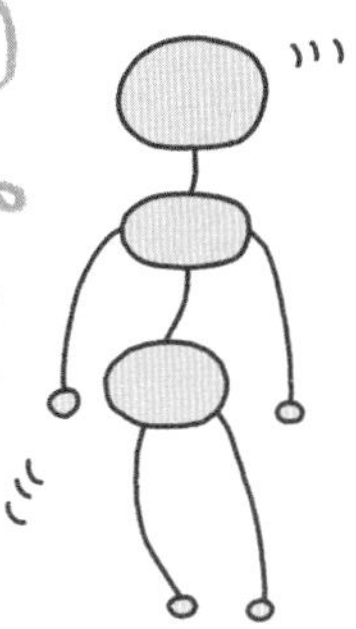

**無法保持平衡的黏土人狀態……**

歪曲傾斜的身體就像是重心不穩，無法取得平衡，如同黏土人一般。

**將手掌轉向正前方，骨骼就會產生連動！**

將手掌轉向正前方，雙臂用力向身體靠緊，利用這個方法使全身的骨骼喀嚓喀嚓地進行連動，進而端正骨骼！

**同時也喚醒了關節間連接的肌肉群……**

原本因為姿勢不良而無法好好運作的肌肉覺醒了，全身的肌肉能更好地發揮功能！

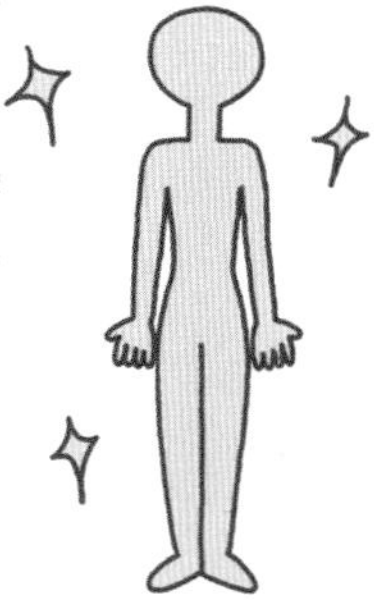

**全身的骨頭與肌肉變端正！**

脂肪長在正確的位置上，並開始有效地燃燒，塑造出均衡良好的體態！

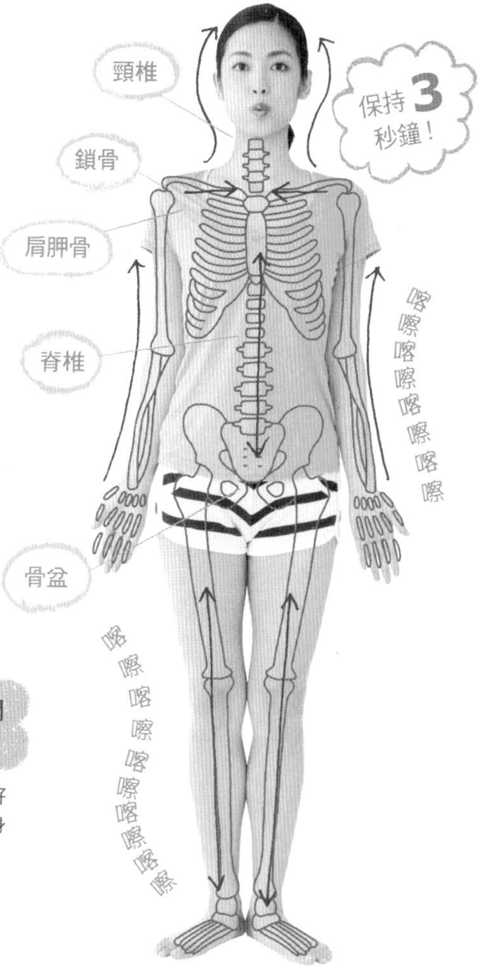


雙臂往身體用力靠緊後，保持3秒鐘！在這短短的時間內，全身的骨骼就會喀嚓喀嚓地產生連動。每次進行這個姿勢時，骨骼就會調整至最佳狀態，重複進行愈多次，就愈有機會成為體態美人！

# 調整骨骼就會瘦得美麗！

會不會
太簡單了啊？
老師……
這樣真的
就會瘦嗎？

請放心！
會瘦！
有人成功減肥，
小腹竟然
-4.8cm
請看 P. 52吧！


**僅僅3秒鐘的一個姿勢，真的就會瘦嗎？**
**沒錯！歪斜的骨架一旦調整好，除了骨骼與肌肉，**
**其他地方也都會產生變化！**

## 全身一旦變端正，就能瘦下來。這是因為身體機能得以正常發揮的緣故！

瘦身成功的過程……

### 脂肪順利燃燒

氧氣有助於脂肪燃燒。身體若有歪斜或前傾的現象，胸部就會遭受壓迫，呼吸量因而減少。因此，我們希望能夠藉由姿勢的調整，讓胸部得以伸展，進行深層呼吸，透過這個方式使脂肪更有效率地燃燒！

### 基礎代謝率提高

提升肌肉效能是一個提高基礎代謝率的好方法。只要矯正全身的歪斜，就能活化原本未能好好發揮作用的肌肉，肌肉的活動量增加了，當然就能有效地提高代謝率。

※ 所謂「基礎代謝」就是指那些即使躺著也能被消耗的熱量。如果基礎代謝率提升，身體就能夠變瘦。

### 解除內臟下垂的症狀（下腹向內縮！）

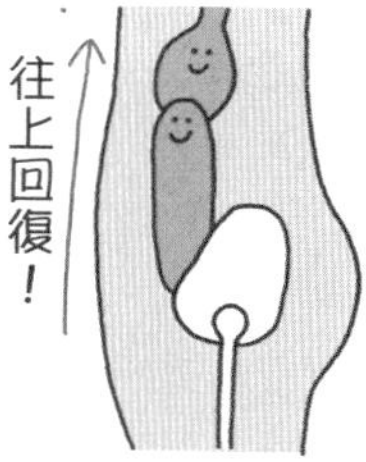


內臟之所以會下垂，是由於年齡增長所造成的骨盆外擴與歪斜所致。只要藉由姿勢的調整就能使骨盆緊縮，歪斜一旦得到矯正，內臟的位置就會獲得改善。

## 變身為苗條的體態美人！！

透過骨骼與肌肉的調整，全身的動作更加流暢，基礎代謝率因此增加，脂肪更容易燃燒，最後當然就可以順利達到瘦身的效果！

# 3秒 骨骼矯正姿勢的優點&效果

## 優點

### 1 超簡單！3秒就 OK！

這個姿勢的基本動作只需將手掌轉向正前方！僅僅3個步驟、3秒鐘，如此簡單，真是令人開心！

### 2 隨時隨地都能進行。

由於只需要將手掌轉向正前方，因此不論是坐姿或是行走，都可以採取這個姿勢（→ P.46）。

## 效果

### 肌肉勻稱

骨骼一旦調整好，肌肉自然也就變得勻稱，並且得以正確地進行活動。

### 骨骼端正

藉由手掌來連動全身骨頭，調整出端正、完美的骨骼。

### 呼吸變深

骨骼與肌肉一旦調整好，受到壓迫的胸口就能伸展，並且得以進行深層呼吸。

### 基礎代謝率提升

只要肌肉均衡發展，並得以充分運作，肌肉量就會增加，促使基礎代謝率提升。

重要的是次數！
1天7次
加油吧！

我最喜歡了！
吃飯

**4 不必飲食控制也OK！**

由於是以矯正骨骼為主，一邊調整全身骨架，一邊就能瘦身，因此只要不吃過量，維持平常的飲食模式即可。

健身房·游泳池·有氧教室……
太辛苦了
唔~

**3 不必激烈運動也OK！**

由於不必激烈地運動，也不必進行困難的動作，因此根本不會出汗。就算是很怕運動的人也可以輕鬆辦到。

**身體更容易伸展與活動**

由於骨骼與肌肉能夠好好地被運用，因此身體變得更容易活動，可動區域隨之擴大。

**消除凸起的小腹**

全身一旦變得端正，骨盆就挺立緊縮，內臟下垂的問題得以改善，下腹部即可內縮變平坦。

**體重更容易下降**

當呼吸量增加，基礎代謝率提升，體重也隨之下降，變得更容易瘦下來。

**身體的不適獲得改善**

全身一旦變得端正，骨架歪斜所導致的頭痛或肩膀痠痛就會獲得改善。

**體態變得更優美**

脂肪只出現在正確的部位，不再亂囤積，如此一來體態當然變得更加賞心悅目。

**脂肪更容易燃燒**

當胸口得到舒展而呼吸量增加時，身體會消耗大量的氧氣，使脂肪更容易燃燒。

# 不限次數 隨時隨地都能進行 骨骼矯正

我也是
很忙的耶……
咦？……
1天7次？
做得到嗎？
只要7次!!
只要將手掌
轉向正前方，
隨時隨地都可以進行哦！
就算是在走路，也可
以同時採取這個姿勢。
請試試看吧！

**不論是走路或坐著，都可以做出矯正骨骼的姿勢！**
**事實上，日常生活中的任何情境無一不可！**

# 1. 走路時的矯正姿勢

## 行走時手掌轉向正前方！

基本上，雖然只需將手掌翻向正前方行走，但最好盡量有意識地抬高大腿，並將腹部拉直伸展。

抬高視線，端視正前方
頭部挺直，肩膀避免聳起
手掌翻向正前方，大幅度地擺動
有意識地將腹部拉直伸展
腿部盡量抬高（90度）
維持手掌翻向正前方的姿勢，緊收手腕與手掌的部分

維持雙臂往身體靠緊的狀態

**從正面看……**

注意！請避免雙臂或上半身左右擺動。

**跑步或行走的時候……**
**請看 P. 76**

# 2. 手拿物品時的矯正姿勢

抬高視線，
端視正前方
雙臂保持往身體
靠緊的狀態
將手掌與手肘內側
轉向正前方
I WISH YOU BON VOYAGE


### 手掌轉向正前方後以3根手指握住提袋

一邊拿著物品一邊走路時，將手掌轉向正前方，然後以中指、無名指、小指等3根手指拿住物品。

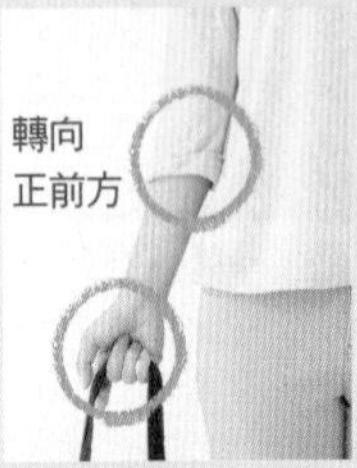

轉向
正前方


手掌與手肘內側轉向正前方。透過以中指、無名指、小指等3根手指拿住物品，物品的重心自然靠向身體的中心，達到與3秒矯正姿勢相同的效果。

### 若是以這種方式拿住物品全身就能端正平穩地行走

**矯正姿勢的提拿方法**

因為提袋不易前後擺動，所以能夠在感受到身體軸心的狀態下，筆直地往前行走。

**一般的提拿方法**

提袋容易前後擺動，身體軸心無法穩定，走路會搖搖晃晃，成為一種壞毛病或產生身體歪斜。

**Point!!**

大力推薦雙臂可以自由活動的後背包。可以一邊保持左右平衡，一邊以矯正姿勢行走。

## 3. 坐著時的矯正姿勢

### 手掌轉向正前方後雙臂往身體靠緊

坐著時的矯正姿勢大致上與站著時相同。為了保持上半身或骨盆的挺立，臀部最好只坐一部分的椅面。

優美又正確的坐姿……
請看 P. 70 吧！

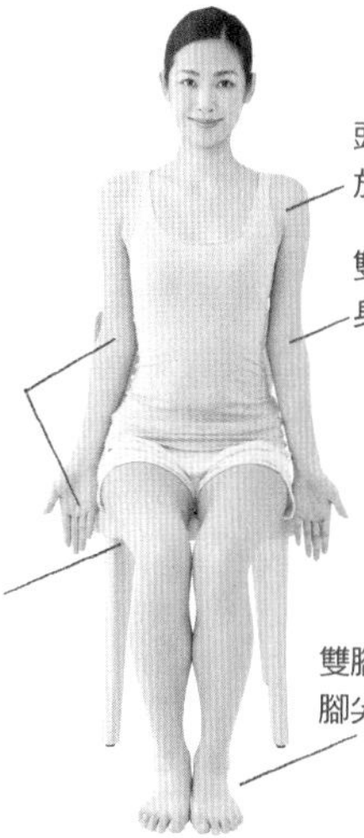
頭部伸直，放低肩膀
雙臂往身體靠緊
手掌與手肘內側轉向正前方
淺坐椅面
雙腳腳後跟併攏，腳尖也請併攏

## 4. 有助於提高效果的矯正姿勢

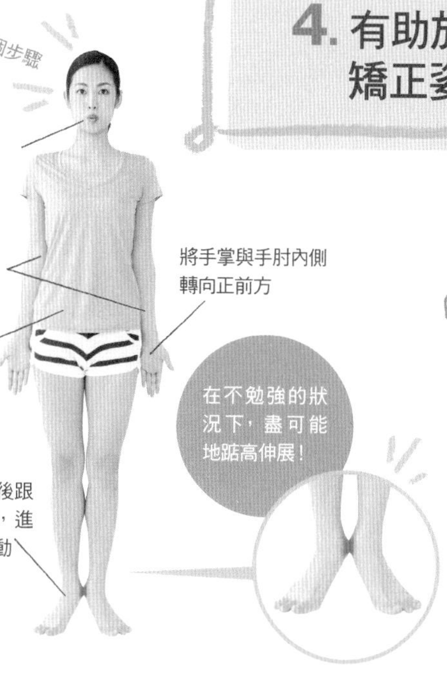
第3個步驟
以嘴巴吐氣
雙臂往身體靠緊
將手掌與手肘內側轉向正前方
腹部拉長伸展
維持雙腳腳後跟併攏的姿勢，進行踮腳尖運動
在不勉強的狀況下，盡可能地踮高伸展！

Point!!
透過踮腳尖的方式，骨盆能更強而有力地收緊，提高全身骨骼矯正的效果！

### 以踮腳尖的方式施加負荷，效果提升！

請看 P. 37基本的骨骼矯正方式中的第3個步驟。雙臂靠緊身體後，以嘴巴吐氣的同時，請踮起腳尖。

# 體態如果端正 體重就會逐漸下降

**只要重複3秒鐘的矯正姿勢，身體就會端正，**
**鏡子裡的自己逐漸會轉變成體態美人！！**

## 「老師，我的體重終於減輕了！」

## 「體態若是改變，當然體重也就降下來了唷！」

只要骨骼端正、肌肉勻稱，脂肪的生成方式也必然會有所改變，體態當然就變得不一樣了。藉由提升代謝能力，體重也會逐漸下降。相反地，如果只有體重減輕，體態並不會因此有什麼改變。

當全身的骨架愈來愈端正，長期以來的身體僵硬、肩膀痠痛或頭痛等不適症狀就會逐漸獲得改善。只要一天多練習幾次這個矯正姿勢，身體也跟著活動起來，那麼平日舉手投足之間，就能逐漸感受到自己愈來愈優美與靈巧。這麼一來，體態美人的改造計畫就成功啦！

大家也來挑戰吧！
3星期
Challenge !!
鬆弛的上半身……
腋下圍 -5.4cm!
凸起的腹部……
小腹 -4.8cm!

改變有多少？請看P.52吧！

# 你也來挑戰一下吧！
# 3星期挑戰計畫！

施行矯正姿勢的結果會反映在體態的變化上!!
請確認自己體態的變化吧！

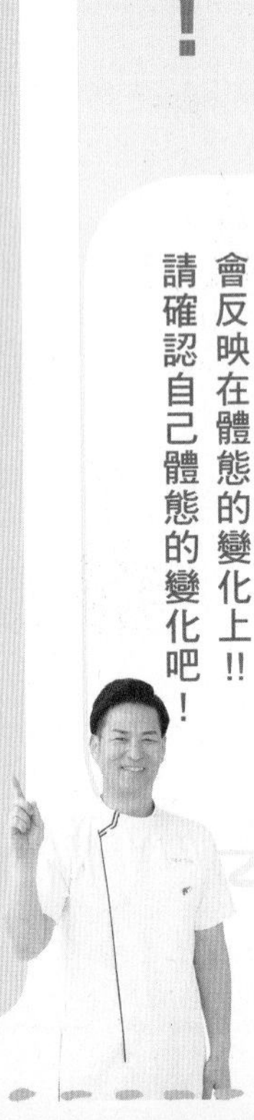

FILE 1

## 生了四胎導致身材走樣，我想為此做些改變！

佐藤絵夢小姐（34歲・家庭主婦）

SIDE
AFTER
BEFORE
胸部上提！
臀部鬆弛改善了！
小腹變平坦了！

挑戰前

DATA

| | | | |
|---|---|---|---|
| 下腹圍 | 85.8cm | 腋下圍 | 89.2cm |
| 腰圍 | 79.8cm | 上臂圍 | 29.8cm |
| 臀圍 | 97.8cm | 身高 | 155.6cm |
| 大腿圍 | 54.8cm | 體重 | 60.0kg |
| 小腿肚圍 | 37.8cm | | |

**困擾**

生了四個孩子之後，身材完全走樣，還被小朋友叫「歐巴桑」，真的超打擊的！……

## 小腹-4.8cm！

## 腰圍-2.8cm！

FRONT
AFTER
BEFORE
肩膀拉開後，
胸部線條
變美了！


DATA

挑戰後

| | | |
|---|---|---|
| 下腹圍 | 81.0cm | -4.8cm |
| 腰圍 | 77.0cm | -2.8cm |
| 臀圍 | 96.2cm | -1.6cm |
| 大腿圍 | 54.0cm | -0.8cm |
| 小腿肚圍 | 36.2cm | -1.6cm |
| 腋下圍 | 89.0cm | -0.2cm |
| 上臂圍 | 29.0cm | -0.8cm |
| 身高 | 156.5cm | +0.9cm |
| 體重 | 59.0kg | -1.0kg |

## 我的姿態變美了，連家人也都察覺到了呢！

雖然曾經覺得這個矯正姿勢太過簡單，擔心根本不會有效果，但是每當背脊往上挺直伸展的時候，我就意識到，這是我打從生產之後第一次做出正確姿勢，就連我的家人也稱讚我的體態變好看了。當初曾經以自己的方式去慢跑，結果一開始就造成了膝蓋損傷，後來施行這個骨骼矯正的姿勢，覺得非常輕鬆，也不會造成負擔，能夠讓我持之以恆，真是令人感到開心。

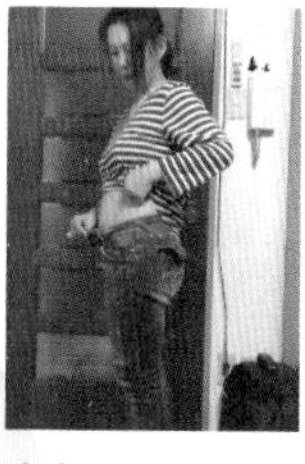

小腹變得平坦，褲子都變鬆了！

GOOD!


產後變得鬆動的骨盆經過重新調整之後，小腹的問題也獲得了改善！姿勢變好，背部挺直，如此一來，身高當然也就拉長了！

FILE 2

# 想要解決身體的歪斜&改善駝背與腰痛！

前田智子小姐（37歲・公司職員）

## 腋下圍 -5.4cm!

DATA

挑戰後

| | |
|---|---|
| 下腹圍 | -0.2cm |
| 腰圍 | -1.0cm |
| 臀圍 | -2.2cm |
| 大腿圍 | -1.2cm |
| 小腿肚圍 | -0.4cm |
| 腋下圍 | -5.4cm |
| 上臂圍 | ±0.0cm |
| 身高 | +0.6cm |
| 體重 | -1.0kg |

SIDE
AFTER
BEFORE
胸部上提！
臀部緊實往上翹！


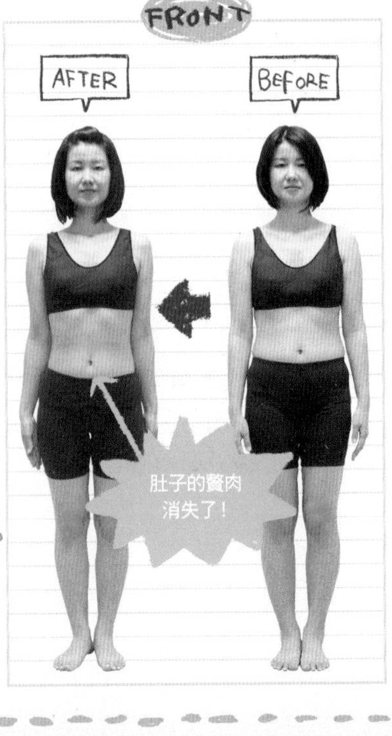

FRONT
AFTER
BEFORE
肚子的贅肉消失了！


### 整個身體的線條變得優美，吃得多體重卻減輕了！

由於工作的需要，我一整天都得使用電腦，逐漸導致駝背與腰痛等令人困擾不已的症狀。自從我開始施行骨骼矯正姿勢之後，身體變得輕盈，諸多不適症狀也得到了緩解！身體挺直後，胸部的曲線變得更勻稱有型了。

因為駝背，雙腋下繞胸、背一圈的部位呈現蜷曲狀態，經過矯正獲得了顯著改善，腋下圍少了5.4cm！攝氧量也增加了，不論是心情或是身體都變得輕鬆許多！

GOOD!

FILE 3

# 長年下半身肥胖，我想脫離這種窘況！

清水京子小姐（51歲・公司職員）

**腰圍 -4.3cm！**

**臀圍 -3.1cm！**

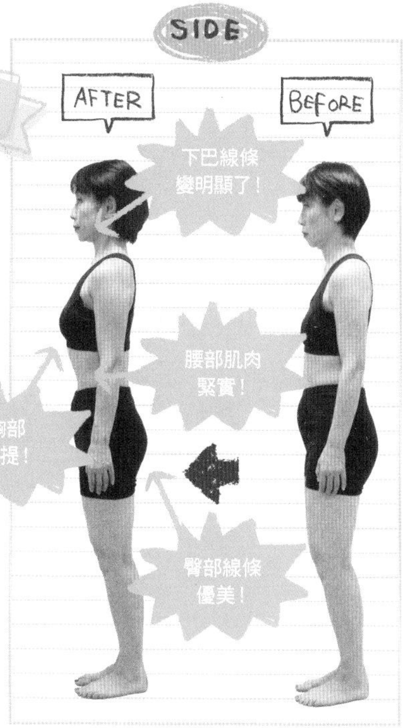
SIDE
AFTER
BEFORE
下巴線條變明顯了！
腰部肌肉緊實！
胸部上提！
臀部線條優美！

DATA

挑戰後

| | |
|---|---|
| 下腹圍 | -3.1cm |
| 腰圍 | -4.3cm |
| 臀圍 | -3.1cm |
| 大腿圍 | -0.2cm |
| 小腿肚圍 | -1.8cm |
| 腋下圍 | -2.2cm |
| 上臂圍 | -1.1cm |
| 身高 | ±0.0cm |
| 體重 | -1.0kg |

## 一星期內就能感受到腹部與臉龐的變化！

由於不必特別使用輔助道具，所以這個矯正姿勢做起來很方便。一天如果能多做幾次矯正姿勢，一個星期內就可以真實地感受到效果。下巴的線條變俐落，小腹變得平坦，效果實在驚人！

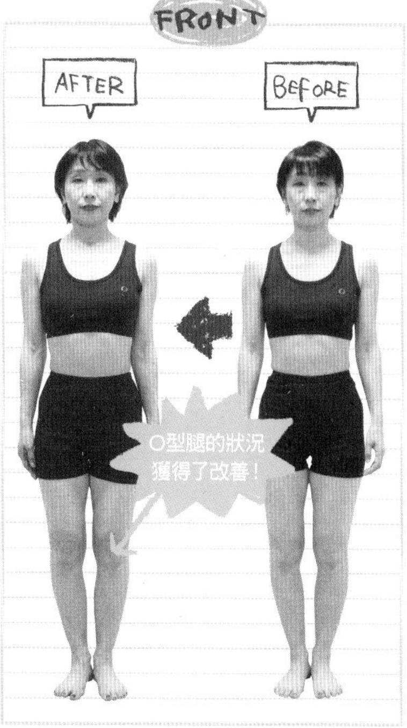
FRONT
AFTER
BEFORE
O型腿的狀況獲得了改善！

GOOD!

與 BEFORE 的照片相較，膝蓋的伸展度明顯得到了改善，變得挺直。由於重心整個往上提，因此腹部與腿部的狀況徹底獲得了改善！

徹底解說 1

# 運用骨骼連動，塑造體態美人

人只要活動，身體就會
開始產生歪斜

日常生活中的種種姿勢都會造成身體歪斜。

## 只要3秒鐘！不知不覺就可以做得很好

調整骨骼可以矯正失去平衡的身形，我曾經對此提供了各式各樣的訓練。雖然每項訓練在一開始施行的時候都有不錯的效果，卻都因為難度較高而無法持續下去，所以才剛調整好的身體只要一活動，就又會產生骨骼的歪斜……事實上，只要有地心引力的存在，人類就無法逃離骨骼歪斜的命運。我不斷思考著，有沒有一種作法簡單又能夠讓人持之以恆的訓練呢？有沒有什麼姿勢，可以輕易地融入每天的各種習慣性動作中呢？……在不斷考量、斟酌與規劃之下，我終於設計出了這一款「3秒骨骼矯正姿勢」。

困難的訓練或姿勢無法隨時隨地進行，更無法融入平時的動作之中，因此在沒有從事訓練的時候，就只能任由骨骼繼續歪斜。這一個為了矯正骨骼而設計出來的姿勢，只需要將手掌轉向正前方，動作相當簡單。沒有場所的限制，而且只需要3秒鐘即可結束，真的是隨時隨地都可以做。而且重複做了幾次之後，很有可能在不知不覺之中成為了一種「身體習性」，以後無意識下也會自動地將手掌翻向正前方。

只要花個3秒鐘，重複進行這個姿勢，那麼不論身體怎麼動都不怕骨骼產生歪斜了。

## 認識重要支點——骨盆．背脊．肩胛骨

我在開始進行整骨治療之前，會先確認客人的骨骼狀態，包括骨盆、背脊、肩胛骨的位置與方向等。隨著年齡的增長或懷孕生產，骨盆會產生外擴，容易變形；肩胛骨一旦缺乏活動，就會逐漸僵化成堅硬的骨頭。近年來，強化肩胛骨的訓練之所以這麼多，也是這個緣故。背脊當然也不能忽視，為了調整全身的身形，請務必要積極地關注這個部位。

如果這三個支點錯位而導致骨骼歪斜，肌肉就會失去平衡，脂肪也會變得容易堆積，並引起內臟下垂，造成下腹凸起。體態變形的原因就在於「骨頭」。

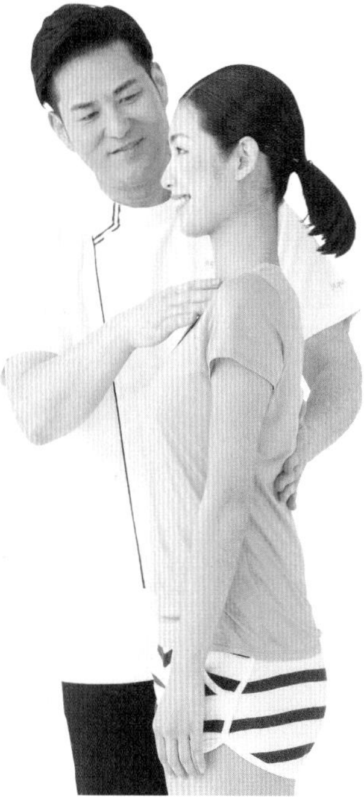

我在為顧客整骨的時候，會一邊按著骨架的支點，一邊確認身體的平衡。

## 為什麼是手掌而不是骨盆呢？

你認為人類的體態會從哪裡開始變形呢？我相信很多人都會覺得是從腰間部位開始變形，例如腹部或臀部等。但是，正確答案卻是「頸部」。理由是因為人們在從事各種行為時，例如事務工作、打掃、料理等，一定會形成脖子往前伸長的姿勢。脖子一旦異常往前伸長，骨骼的連動就會使得肩膀與背脊拱成蜷曲狀，進而造成腰部彎曲，下腹部往前凸起。

出人意料地，為了矯正骨骼，「手掌」才是實現這個目標的關鍵部位。原理其實很簡單，只要看看美容整體師所使用的全身透視圖就能明白。手肘內側與手掌的正確姿勢

應該朝向正前方，而非朝向身體側面。只要觀察走在伸展台上的美麗模特兒，就會發現她們的手掌與手肘內側都是轉向正前方，形成自然且正確的姿勢。

全部的骨頭都是透過關節相互連結，因此只要將手掌翻向正前方，手臂、肩膀、背脊、腰部與全身的骨頭就會連動起來，鬆動歪斜的骨骼都會回歸到正確的位置。這就是「3秒骨骼矯正姿勢」的祕密，每個人都做得到，可以輕易融入日常生活中成為習慣。

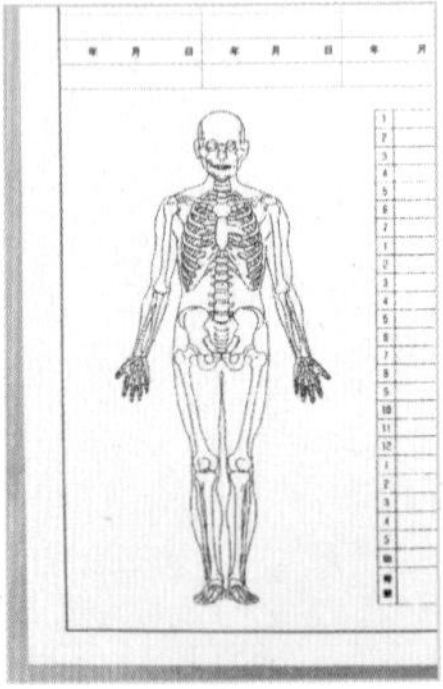

我在美容整體中心所使用的全身透視圖。從圖中可以明白，手掌翻向正前方才是正確的姿勢。

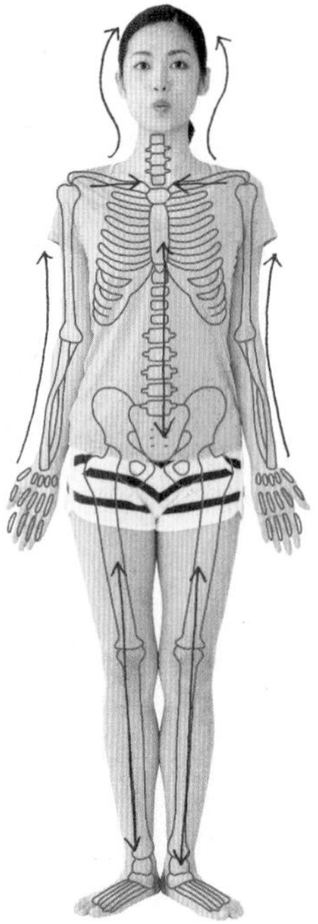

比起構造複雜的骨盆，只要有意識地改變手掌的方向，就可以輕鬆調整全身骨架。

如果只是頭痛醫頭，腳痛醫腳，很難有效地擁有美麗的體態。骨盆算是下半身的重要部位，因此保養骨盆並沒有錯，也確實有必要刻意時常保持正確的骨盆形狀。

然而相較之下，只要有意識地改變手掌的方向，就能產生骨頭連動，進而端正全身骨架。這個方法要比逐一調整不同的部位來得輕鬆、簡單。

## 調整骨骼就會漸漸帶動深層肌肉的運作

每當雙臂往身體用力靠緊的時候，全身的骨骼與姿態便會呈現最佳狀態。為了能夠維持這樣的姿勢，保持優美的體態，體幹肌肉與深層肌肉的訓練是很必要的。

深層肌肉（Inner Muscle）位於體內最靠近骨骼的地方，要比表層肌肉（Outer Muscle）來得更深層，因此如果只是進行一般的肌肉訓練，並無法達到鍛鍊的效果。骨頭與肌肉在關節處進行連結，由手掌開始帶動骨骼連動之後，全身的骨頭都會得到調整，全身的深層肌肉也會跟著進行活動，體幹肌肉能夠一併得到鍛鍊。體幹肌肉一旦得到有效的運作，基礎代謝就會提升，也就因此打造了易瘦體質。

上半身位於肩胛骨深處有兩塊深層肌肉，分別是肩胛提肌與菱形肌。這兩塊肌肉真的很需要刻意去鍛鍊、強化。這兩塊肌肉都附著於肩胛骨上，肩胛提肌連接頸椎，菱形肌則連接胸椎。肩胛提肌與菱形肌原本僅是用來上提肩胛骨，本身並沒有其他特殊作用，平日不太會有太多的活動機會。然而，藉由「3秒骨骼矯正姿勢」，骨骼的「方向」與「角度」重新得到了調整，這兩塊深層肌肉也因而有所強化。

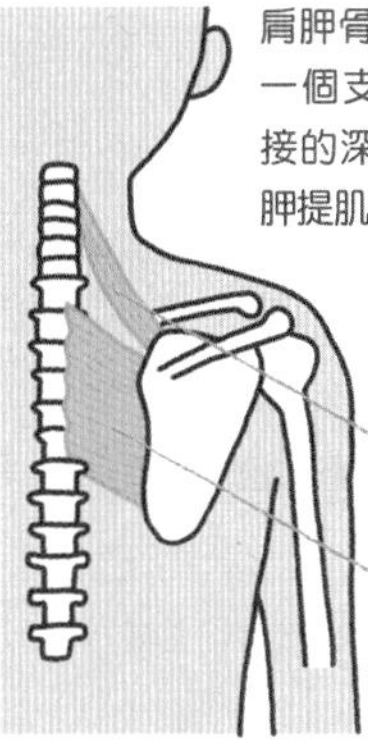


肩胛骨是上半身的一個支點，與之連接的深層肌肉有肩胛提肌與菱形肌。

## 與其激烈運動 不如重複簡單動作！

以這個姿勢進行骨骼矯正的時候，重要的是每天請重複多做幾次。透過重複施行骨骼矯正姿勢，體態會逐漸變得好看。與其偶爾前往訓練中心進行激烈的運動，或是痛苦地節食，不如採取骨骼矯正姿勢。不但輕鬆、方便，更重要的是效果不會比較差，骨骼與體態都會有明顯的變化。

當全身的骨骼端正，肌肉就能有效運作，此時脂肪囤積的方式就會改變，有助於提升脂肪的代謝率。如此一來，體態當然會有所變化。體態一旦改變，體重也必然會產生變化，進而逐漸瘦下來。

不必採行激烈的運動或飲食控制，你所要做的就只是去調整體態。只要持續施行矯正姿勢，就可以一直維持良好效果。

骨骼與肌肉如果端正……

1 基礎代謝率UP！

2 呼吸變深

3 改善內臟下垂

→ 瘦下來！

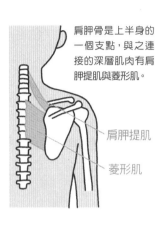

Column 2

# 藉由手掌改變「自我意識」吧！

我所經營的沙龍曾經有這樣一位顧客。她是一名中年婦女，有嚴重的彎腰駝背，連走路都很吃力。我告訴她：「麻煩請站在鏡子前面。」這時她依然駝著背，而且花了好些時間才走到鏡子前面。然而，一來到鏡子前，她的身體卻突然變得筆直！整個身體伸展開來，背脊挺直了，站姿也變得優美，彷彿年輕了好幾歲。

可能在她本人的意識中，那個在鏡子裡的自己才是她心目中自己平常的模樣吧！藉由鏡子而意識到自己的模樣，於是才會猛然地像打開開關一樣，一下子肌肉與骨骼都得以活動、伸展……

但人生不會一直都在照鏡子，就算不在鏡子前面，也請有意識地在日常生活中注意自己的體態或姿勢，進而去改變。採取骨骼矯正姿勢時，「手掌」就是自我意識的開關，「把手掌翻向正面」，只要這樣做就萬事OK了！

PART 3

# 想要改變身體……
# 在日常生活中變美！

只要利用骨骼矯正姿勢來調整全身骨架，
姿態就會跟著改變。
一起來變身成美人吧！

想當美人，
從改變站姿開始！

美人祕技
怎麼樣？連我也變成美人了吧！
矯正姿勢都有好好做唷～♪
真的，而且我每天都確實做了7次呢！
你還真有恆心啊！好厲害！
CAFE
慢慢
接近
喀嚓
老師！討厭啦！你在做什麼啦!?
你們看這個！
下巴前推
駝背
腳開開的

你看看！你一疏忽又變回原來醜醜的體態了！
咚！
日常生活的不良姿勢或動作會使得骨骼變歪斜，所以一定要隨時保持矯正骨骼的意識，盡可能不要使身體歪斜！
搖搖晃晃
這麼說來……
稱得上是美人的人，好像各種姿態都很好看耶……
這樣漂亮……
這樣也漂亮……
那樣也漂亮……
老師！拜託請教教我隨時都能成為美人的方法啦！
OK!

# 美麗的姿勢放心上，給人的印象會更好！

**每天一些不良的姿勢就會使得身體歪斜！**
**維持美麗的姿勢是體態美人的一大特色哦！**

# 「一時大意，馬上就駝背了……」

# 「盡可能隨時都保持美麗的姿勢吧！」

就算以「骨骼矯正姿勢」來調整全身的骨骼與肌肉，長年不良的生活習慣與姿勢真的很難一時之間改正過來。為了維持骨骼端正，也為了維持好不容易調整好的體型，請隨時提醒自己在日常生活中保有美麗的姿勢。

美麗的人怎麼能夠沒優美的姿勢或舉止呢？希望自己是個美人，背脊就要挺得直直的，頭部就要力求展現出漂亮的線條……別忘了，好看的姿態始終來自於端正的骨骼，關鍵還是在於骨骼與肌肉的活動方式。請好好關注全身的狀態，讓自己真的變成美人吧！

美麗的姿勢
創造出美麗的
印象

光是把背脊挺直，就算從遠處看，別人對你的印象也會大大改變！

OK！
看起來更接近於「體態美人」的姿勢
前往 P. 66

NG！
很容易變成「體態醜」的姿勢
前往 P. 72

舒適的睡眠
打造不緊繃的美人
前往 P. 74

跑步＆行走
也能矯正骨骼
前往 P. 76

# 讓你更像「體態美人」的姿勢

## 平時舉止也美麗的 5大關鍵

為了使日常生活中的姿勢或舉止
顯得更加好看，
請務必用心掌握這五大關鍵。
不論哪一個都不是困難的事，
需要的只是把本來無意識的
動作轉變為自覺性的動作，
就和「手掌開關」一樣哦！

### 1 刻意呈現腰椎曲線

漂亮的腰部線條女人味十足，臀部也會隨之緊實上提。→ P.67

### 2 在意自己的胸骨柄

面朝正前方，頭抬高伸直，展現美麗的胸前。→ P.68

### 3 提醒自己身體要筆直

清爽俐落的美妙儀態。請自覺地將上半身維持筆直的狀態。→ P.69

### 4 叮嚀自己雙腿要併攏

保持「雙腿收齊併攏」的自覺性以及正確的坐姿。→ P.70

### 5 意識到要使身體顯瘦

只要有所自覺，就可以展現出纖細而美妙的體態。→ P.71

# 1. 刻意呈現腰椎曲線

自我提醒

❶ 意識到自己腰部的線條，背脊往上伸展打直。同時腹部也往上垂直伸展。

❷ 有意識地將臀部往上抬，即可呈現出S曲線。

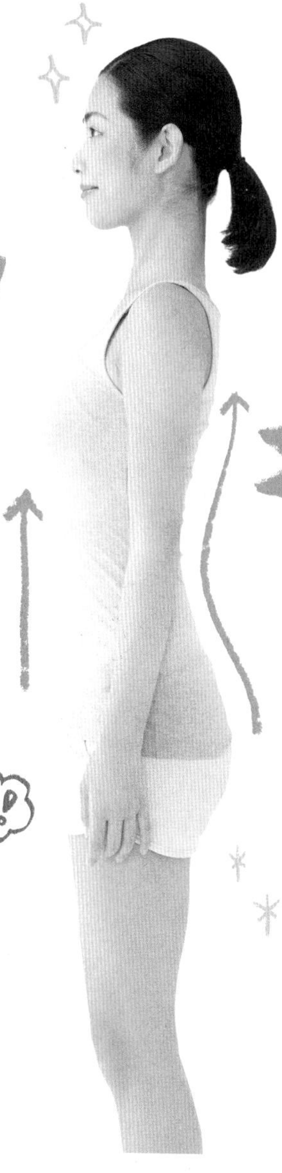

## 柔軟的腰部曲線&緊實上提的臀部會形成美麗的身體曲線。

腰部自然彎曲的線條稱之為「腰部曲線」。向上的腰部線條與緊實上提的臀部都會帶給人們美麗的印象。

這種腰部曲線就是漂亮！

如果覺得有困難……

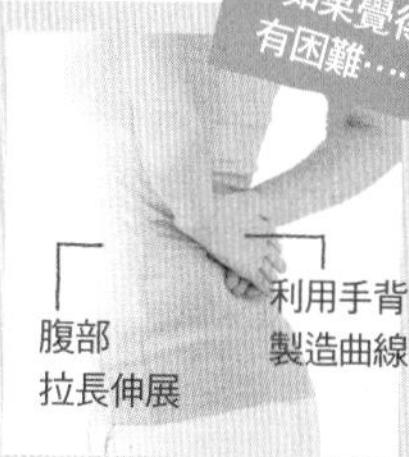

腹部
拉長伸展
利用手背
製造曲線


**兩手手背疊放腰際幫助呈現腰部的曲線**

將雙手手背疊放在腰椎一帶的部位，像是輕壓似地幫忙呈現出腰部曲線。此時，請避免腰椎前彎，並將腹部垂直伸展。

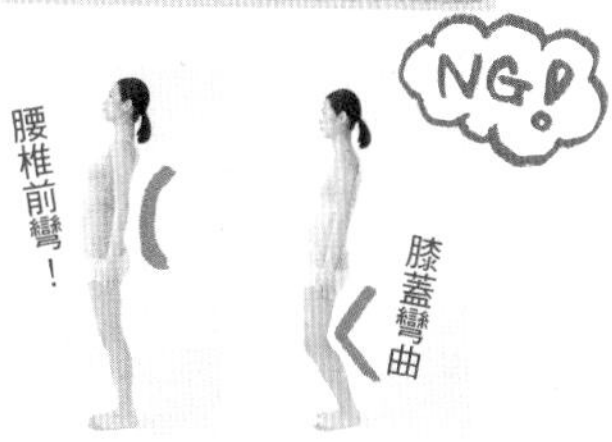

NG!
腰椎前彎！
膝蓋彎曲


**如果腹部沒有垂直伸展……**

如此一來恐怕會產生腰椎前彎、膝蓋彎曲的現象，請特別注意。

Point!!


**請提醒自己！骨盆也要往上垂直挺立**

與腹部的線條同步進行調整，平時也請提醒自己骨盆要確實挺直，並朝向正前方。

# 2. 在意自己的胸骨柄

自我提醒

❶ 有意識地將位於鎖骨中心下方的胸骨柄挺直。

❷ 感覺頭部伸直，肩膀下垂，臉部朝向正前方。

**輕鬆伸直的頸部&美麗的胸部線條……**
**擁有這樣的臉周線條，簡直是個美人！**

胸骨柄位於鎖骨下方，請有意識地將這一帶的骨頭挺直。頭抬高伸直，肩膀下垂，下顎往上抬，臉部自然地朝向正前方。

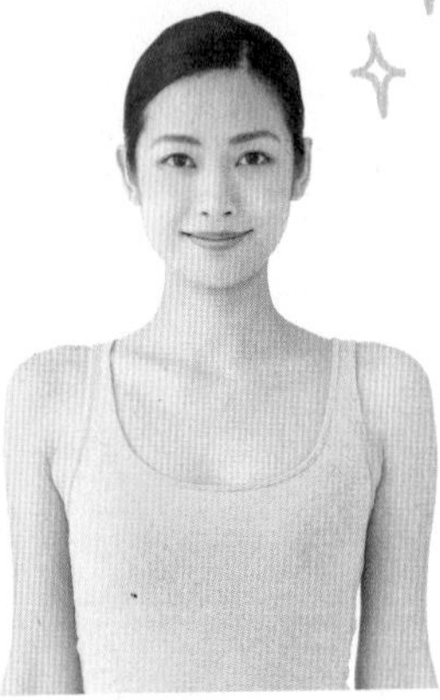

＜從正面看＞

頸部與胸部線條看起來很美，臉部端正地朝向正前方。

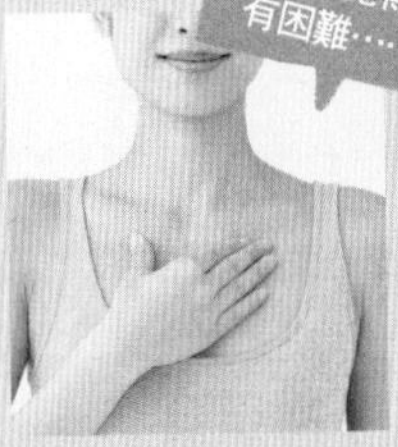

**利用手掌輕壓胸骨柄**

如果自覺不易做到，可以試著以手掌輕壓胸骨柄，以利於意識到挺直的感覺。

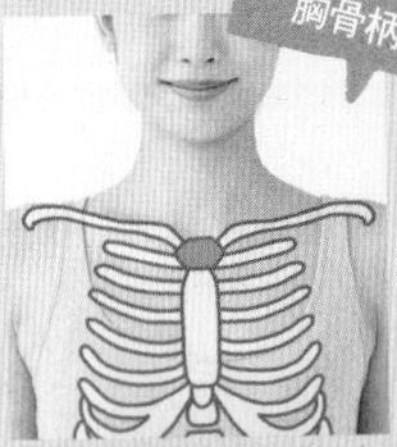


位於胸骨的最上方，外觀看起來略呈五角形的一塊骨頭。由於與鎖骨相連，因此只要意識到胸骨柄這一帶的狀態，骨骼連動之下，肩膀也會隨之下垂。

**如果不在意胸骨柄恐怕會像一隻公雞！**

也就是形成下顎往前突出，肩膀聳起，頭部下陷的的狀態。這種樣子是不是很像一隻公雞？

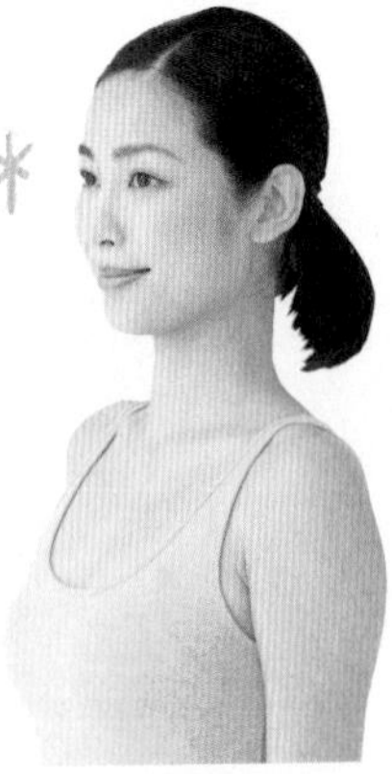

＜從側面看＞

收起下顎之後，頸部、胸部的線條也會看起來很漂亮。

**就算從遠處看，也看得到美麗的臉龐&胸部線條！**

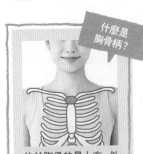

# 3. 提醒自己身體要筆直

自我提醒

❶ 進行基本的骨骼矯正姿勢（→P. 36），挺直站立。

❷ 以鏡子照全身，確認站姿是否呈現挺直的狀態。

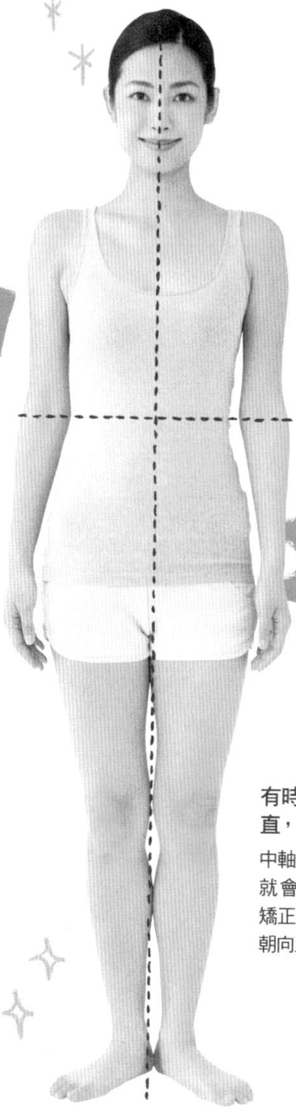

**以基本的矯正姿勢來調整全身骨骼，自然就會呈現出筆直而美妙的站姿。**

在姿勢不正確的狀態下，如果手腳都不做任何動作，此時想要挺直站立就顯得格外困難。建議以矯正姿勢調整骨骼之後，有意識地挺直站立。

中軸不偏不倚，呈現筆直的美麗站姿！

如果覺得有困難……

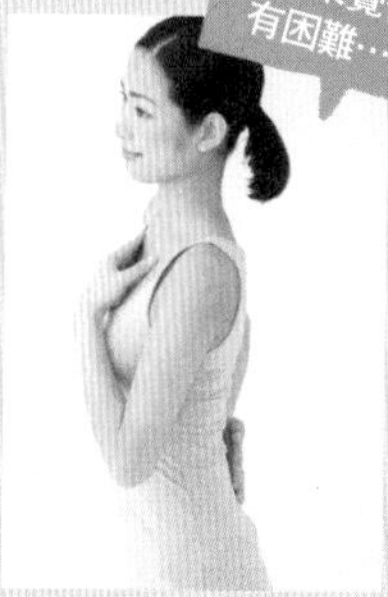

**請試著以手掌同時壓住腰椎與胸骨柄**

當身體歪斜得很嚴重，感覺到無法筆直地站好時，請同時壓住腰椎（→P.67）與胸骨柄（→P.68）。透過壓住前後兩邊的方式，可幫助自己有意識地挺直身體。

NG!

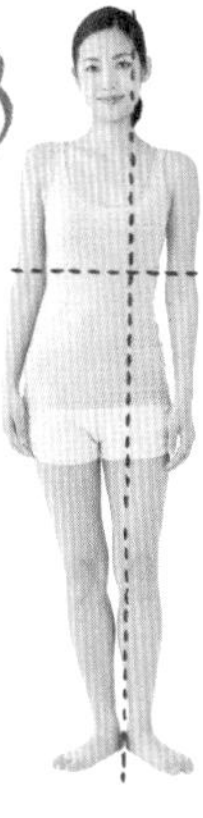

**有時就算刻意要挺直，仍然會產生歪斜**

中軸如果失去平衡，身體就會變得歪斜不正。請矯正全身的歪斜，將骨盆朝向正前方。

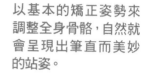

# 4. 叮嚀自己雙腿要併攏

自我提醒

請有意識地淺坐椅面，收緊腋下之後靠攏雙腿。

如果覺得有困難……

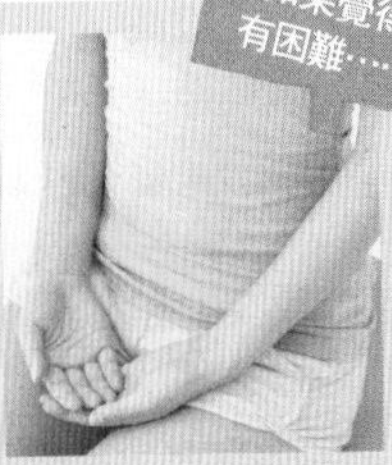

**手掌向上，輕輕疊放**

與基本的骨骼矯正姿勢相同，將手掌翻向上方，姿勢就會端正，也比較容易將雙腳靠攏。

## 坐著的時候不需要過分使勁，讓雙腿優美地自然併攏。

生過愈多孩子的人，坐下的時候往往雙腳愈容易不經意地打開。請記得提醒自己要導正歪斜，由骨盆開始，將大腿往中心收攏。

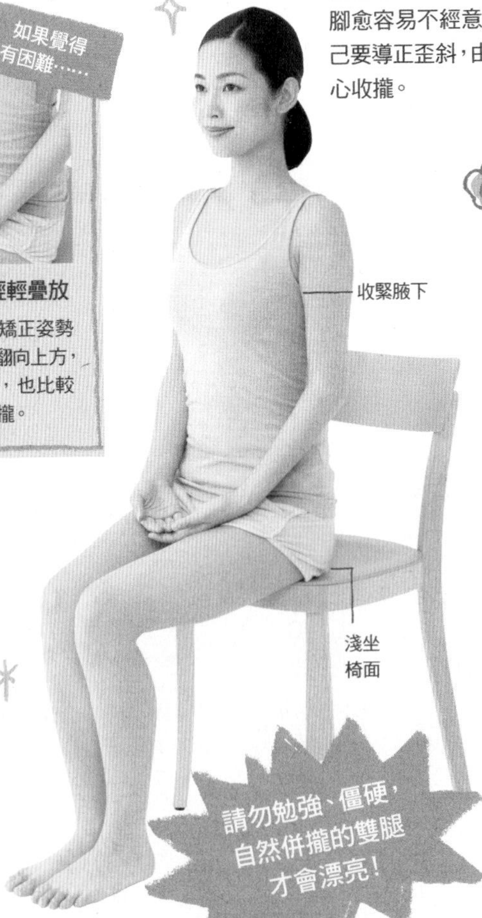


請勿勉強、僵硬，自然併攏的雙腿才會漂亮！

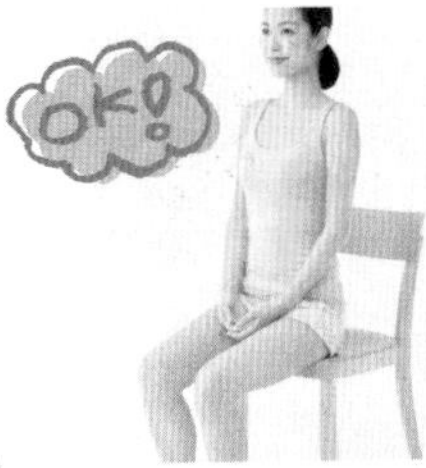


**就算偶爾打開雙腿坐下也 OK！**

只要將雙腿併攏就會出力，因此偶爾放鬆，稍稍將雙腿打開也OK！

**翹腳 NG！**

翹腳的坐姿是造成身體歪斜的重大原因之一。

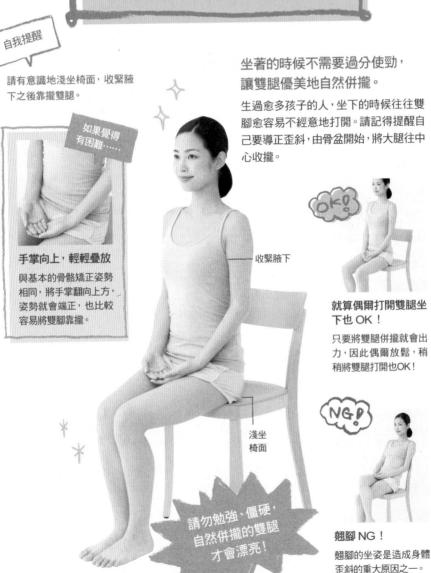

# 5. 意識到要使身體顯瘦

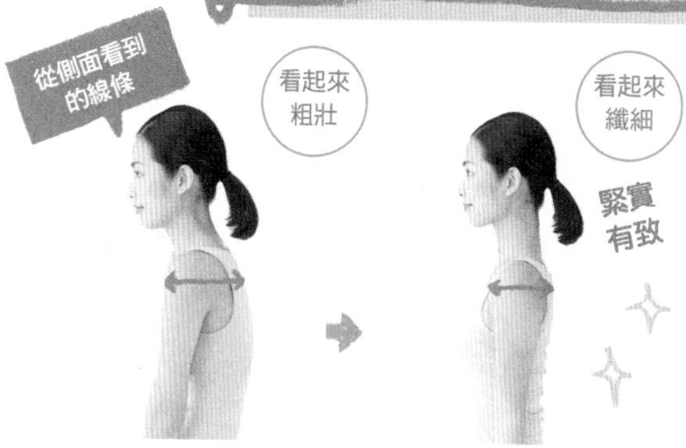
從側面看到的線條
看起來粗壯
看起來纖細
緊實有致

**只要意識到要使身體看起來纖細，就能展現美麗印象！**

所謂看起來纖細的姿勢，意指在採取骨骼矯正姿勢時，全身端正後的筆直姿勢。原本渾圓的線條會變得苗條。

**因為駝背，厚實的身體與粗壯的上臂會過於醒目**

因為背脊蜷曲，所以身形顯得渾圓，而呈現出厚實感。又因為肩膀向前屈，上臂鬆垮，看起來好像很粗壯的樣子。

**因為背脊伸長，身體與上臂看起來都很纖細**

姿勢變標準之後，背脊得以伸展，身形跟著變得纖細。因為上臂不會鬆垮，所以顯得苗條，背部的肉好像也看不見了。

**變成苗條且玲瓏有致的身形！**

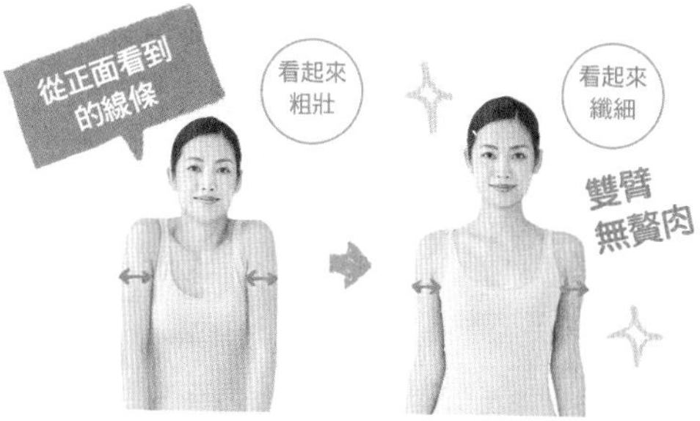
從正面看到的線條
看起來粗壯
看起來纖細
雙臂無贅肉

**因為駝背，上臂看起來又圓又粗**

因為整個身體往前傾，臉顯得很大，上臂也跟著鬆垮，看起來很粗壯。全身的身形蜷縮成圓形。

**胸部敞開且上臂纖細，胸前線條也變得更好看**

藉由伸展背脊，使得胸部敞開，肩膀下垂，上臂看起來更纖細。將頭頸部伸直，收起下顎，胸部線條也因此變得更好看。

從後面看到的線條
看起來粗壯
看起來纖細
凹凸有致！

**由原本的渾厚粗壯幻化成玲瓏有致！**

因駝背導致兩腿張開的狀態（左），身形顯得渾圓厚實。只要將雙腿併攏，並將手掌朝向正前方（右），身形就會變得緊實苗條。

# 讓你容易變成「體態醜」的姿勢

NG!

## 絕對不可以有的 5種姿勢

雖然隨著重力或歲數的增加，
身體自然而然會逐漸變形、歪斜，
但是日常生活中不良的姿勢或動作也往往是「兇手」。
這裡列出5種千萬不要有的姿勢，
平時就得多加注意哦！

### 1. 用力不當的姿勢

用力失當加速變成體態醜！
請矯正身體的歪斜
並盡量放鬆身體！

若是身體歪斜、姿勢不良，身體的內側就會習慣性出力。一旦用力過當，歪斜與姿勢不良的狀況會更加惡化，最後走向老化一途。

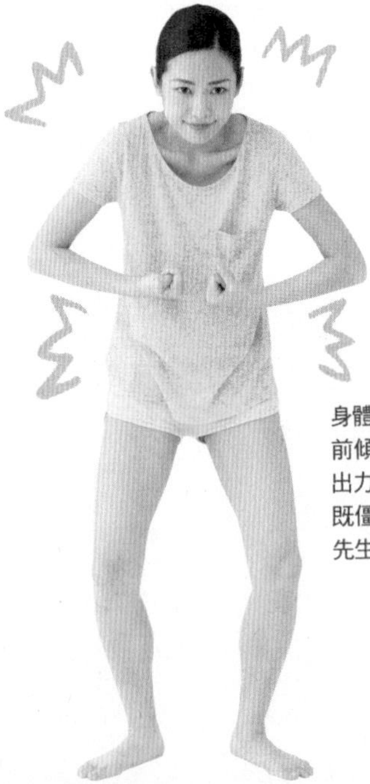

身體一旦偏向內側或往前傾斜，就會不經意地出力，使得身體看起來既僵硬且壯碩。與健美先生的姿態簡直一樣。

〔塑造不歪斜的身體！〕

請採取不用力、不歪斜的輕盈姿勢！

## 2. 翹著腳的坐姿

以骨盆為中心
身體大幅度歪斜！

翹腳坐在椅子上會造成骨盆歪斜、脊椎側彎、臉部偏斜……甚至全身大幅度地扭曲變形。請隨時意識到這一點，坐得淺一點，保持雙腳靠攏的姿勢（→P. 70）。

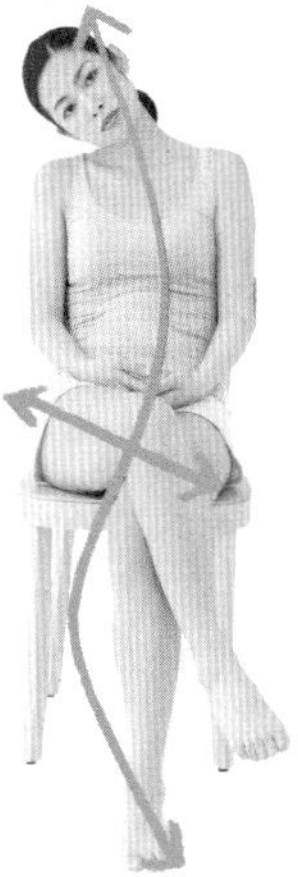

如同右圖所示，翹腳時全身的骨骼朝著反方向，屬於異常狀態。

## 3. 駝背姿勢

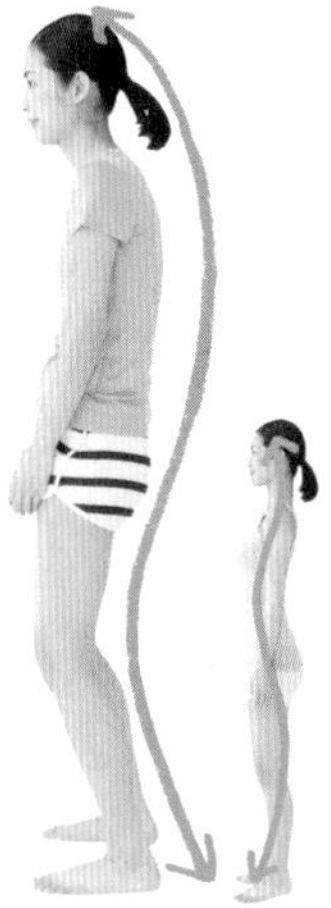

脖子前傾，於內側形成蜷縮的姿勢，壓迫到胸部後，會造成不容易瘦的醜陋體態！

因為駝背，身體會於內側蜷曲（胸椎後弓），胸部受到壓迫，呼吸量因此減少，形成難以變瘦的體質。背脊的歪斜甚至會對全身帶來負面影響。

駝背的身形為逆S型曲線。體態美人的身形則呈類S型曲線。

## 4. W 型坐姿

跪坐＝直接歪斜！
請注意盡量避免
骨盆向外擴張！

由於跪坐的姿勢會對骨盆造成莫大的負荷，因此應該避免長時間跪坐。特別是W型坐姿，這種姿勢會導致骨盆向外擴張，令大腿骨內轉，所以絕對是NG姿勢！

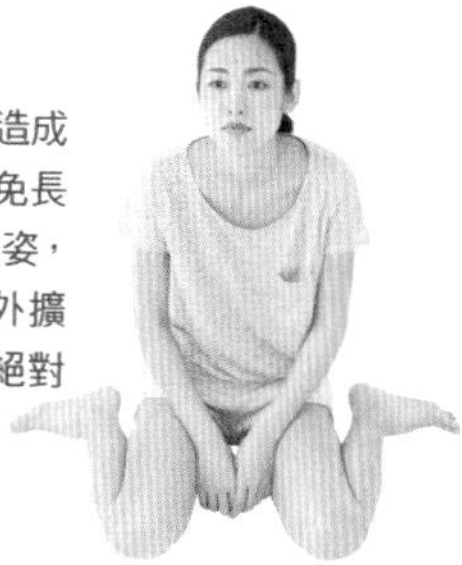

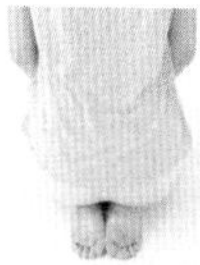

〔建議改成禮儀式跪坐〕

將兩腳併齊於臀部下方後坐下的跪坐法。這種姿勢骨盆不易向外擴張，也不易外翻。

## 5. 托腮姿勢

這種姿勢等於是
欲練神功卻自廢武功！

徒手支撐自己的臉，就算力量不大，卻會造成頭蓋骨歪斜。這種姿勢也會導致左右臉不對稱。

不只是臉，就連身體也會往前傾，蜷縮成駝背。

# 舒適的睡眠打造放鬆美人

## 完全放鬆的睡眠方法

是否曾經有過一早醒來，
便感覺到全身痠痛的經驗呢？
現代人就連在睡眠當中，
身體也常常不經意地施力。

### 1 躺下來，採取「3秒骨骼矯正姿勢」

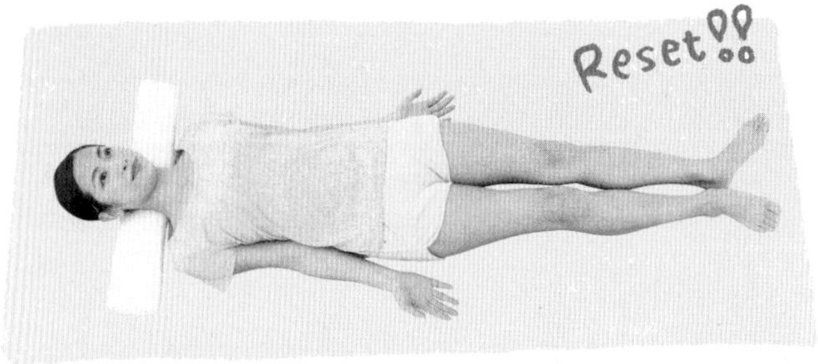


於一天的最後，施行矯正姿勢（→P. 36），使全身得以「校正」！施行矯正姿勢只會費你一些工夫，做完這個姿勢之後，卻可以助你快速放鬆。

### 2 側身躺臥，手肘輕輕彎曲於胸前

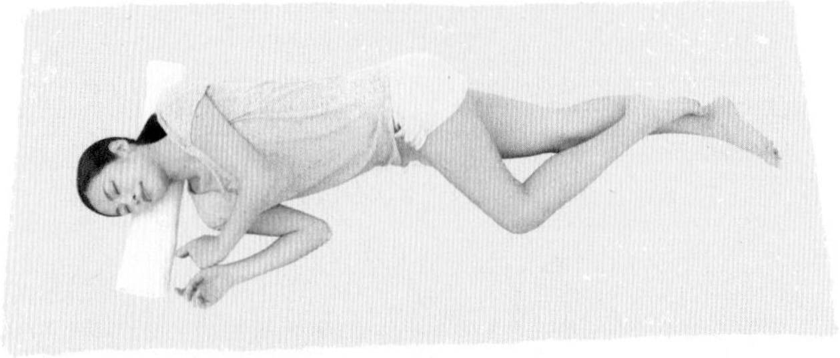

全身放鬆，輕輕地將身體弓成蜷曲狀，形成側躺姿勢。將手肘彎曲，兩手臂放在胸前。

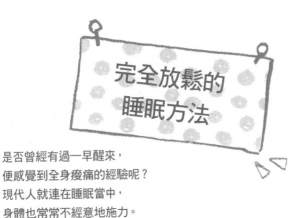

## 「身體蜷曲成一團可以嗎？」
## 「睡覺時如果呈大字形，就會使勁出力，反而產生不必要的疲累！」

是否曾經有過一早醒來，便感覺到手臂發麻、背部疼痛等經驗呢？睡眠時，如果全身用力且處於靜止不動的狀態，就會造成身體不適，這些症狀就是姿勢錯誤的鐵證。

只要有良好的睡眠方式，身體就可以全然地放鬆。藉由反覆翻身，便能矯正全身骨骼的歪斜。為了實現良好的睡眠，請不要採取大字形睡姿，而是將身體輕輕蜷曲，手肘舒適地彎曲於胸前。肌肉一旦放鬆，血液循環的狀態自然就會變好。這種睡姿就像是在母親腹中的胎兒。

枕頭……

**建議使用容易翻身的毛巾枕！**

睡覺時，可藉由反覆翻身，使身體的歪斜獲得改善。應避免使用過高的枕頭，以免妨礙翻身。建議可將浴巾捲成圓柱狀，墊在脖子的下方。

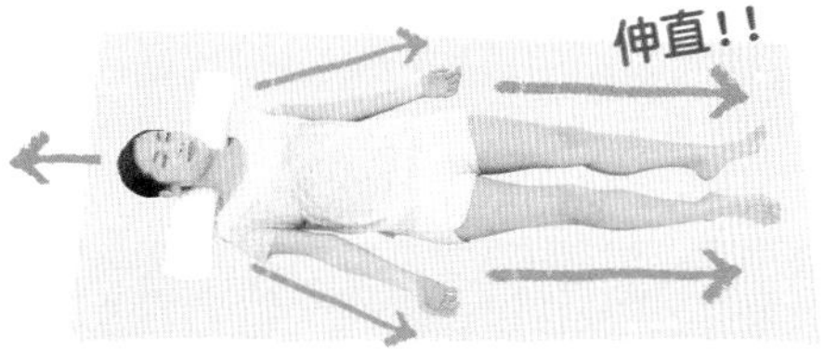


**睡覺時如果身體過度伸展，反而會感到筋疲力盡！**

身體如果固定於伸展的姿勢，肌肉就會一直處於用力的狀態。如此下去，直到睡醒為止，身體都會持續處於緊張的狀態中。

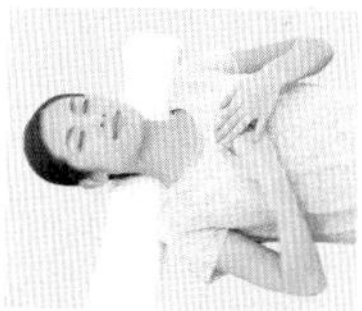

**將雙手疊放於胸部上方也 OK！**

仰躺睡覺的時候，可將手肘彎曲，雙手疊放於胸部上方。

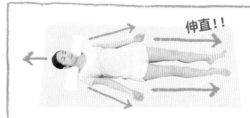

# 運動中骨骼的矯正——跑步&行走

## 骨骼矯正——跑步

**手掌原本要翻向正前方
跑步時請反過來
矯正效果更佳！**

跑步時，最好一邊將手臂擺向後方，一邊將手掌反過來，手背朝向正前方。藉由加大旋轉的方式，擴大鎖骨與肩胛骨的可動範圍，強化深層肌肉。

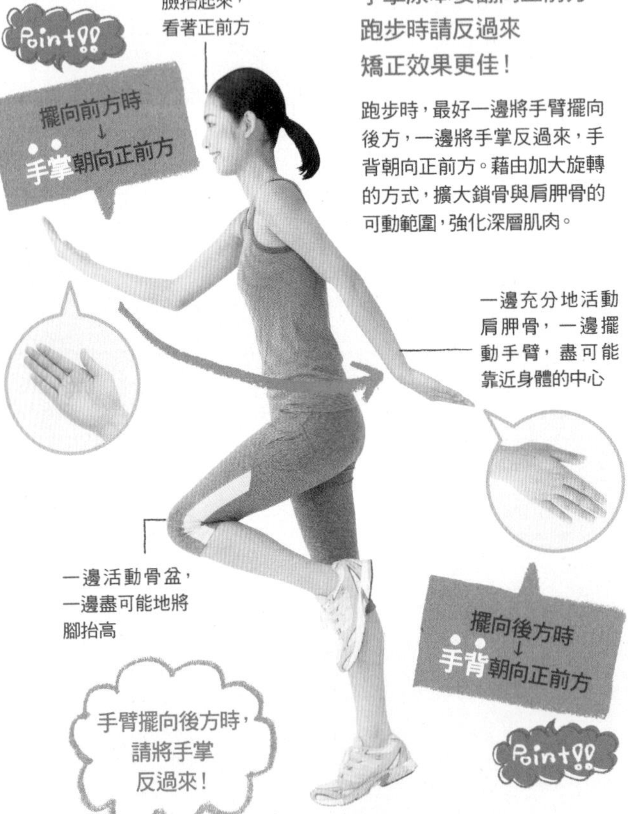

臉抬起來，
看著正前方
Point!!
擺向前方時
↓
手掌朝向正前方
一邊充分地活動肩胛骨，一邊擺動手臂，盡可能靠近身體的中心
一邊活動骨盆，
一邊盡可能地將
腳抬高
擺向後方時
↓
手背朝向正前方
Point!!
手臂擺向後方時，
請將手掌
反過來！


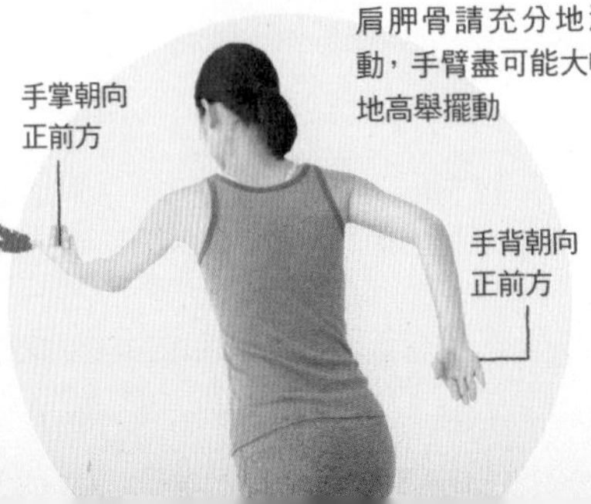

從背面
看……
手掌朝向
正前方
肩胛骨請充分地活動，手臂盡可能大幅地高舉擺動
手背朝向
正前方

## 「也可以運動嗎？」

## 「如果想要痛快地出汗，適度的運動也是值得推薦的。」

身體如果一直維持在歪斜的狀態下，就算跑步或走路也無法達到良好的運動效果。請試著調整運動姿勢，讓全身的骨骼與肌肉處於易於活動的狀態吧！

在跑步的時候，盡可能不讓脈搏跳得太快。如果脈搏數過高，會造成心臟等器官的負擔，進而提早老化。行走時，最好要有意識地去深呼吸，藉由增加攝氧量，達到提升脂肪燃燒的效果。

### 骨骼矯正行走

**手掌朝向正前方**
**一邊將手臂往身體靠緊**
**一邊行走**

和基本的骨骼矯正姿勢一樣，請一邊將手臂往身體靠緊，一邊行走。如果採取這種行走的方式，就算沒有長時間步行，也會促使脂肪燃燒。可以在家裡或其他任何地方進行。

臉抬起來，看著正前方
為了讓肩胛骨充分活動，盡可能將手臂大幅度地高舉擺動
手掌朝向正前方
擺向後方的手掌持續朝向正前方
一邊活動骨盆，一邊盡可能地將腳抬高

就算沒有長時間步行，也很有效果！

徹底解說 2

# 好好使用你的骨骼與肌肉

全身有206塊骨頭與許多肌肉，你有好好使用嗎？

例如：
撿拾物品時……

**體態美人**

由於骨骼或肌肉都能很好地被利用，進行動作時是以全身去活動，不會把負擔集中在單一部位上。上半身挺直，外形看起來很優雅。

**體態醜小姐**

僅靠腰部活動，無法善加利用身體。這種姿態會對腰部造成負擔，也有可能發生疼痛的情況……

## 只要能夠善用身體 舉手投足無不美麗！

到目前為止，關於看起來苗條的「體態美人」，討論的內容不外乎端正骨骼、善用肌肉。體態的美醜除了「看起來苗條」、「看起來粗壯」的差異之外，還有一個很大的差異，那這就是「舉手投足間的美感」。

請見上面兩張圖片。能夠好好使用全身骨骼與肌肉的體態美人，手肘彎曲，彎腰蹲下，一邊挺起上半身，一邊以美妙的姿勢撿拾物品。至於體態醜小姐則是只將腰部下彎，根本無法好好地使用到全身的骨骼與肌肉，而且撿拾物品的姿態相當不雅觀。

所謂「回眸一笑百媚生」，骨骼健康美麗的人，身體可以充分地活動，可動範圍較大，因此能夠在毫不勉強的狀態下輕鬆回頭，而且姿態優雅。骨骼歪斜的人，由於可動範圍受限，回頭時就僅有臉部勉強向後，甚至無法輕易回頭，而是頭部必須連同身體一起向後轉。

美人!!

**體態美人全身都能充分地活動，連轉身回眸的姿態也很美麗！**

## 利用骨骼矯正姿勢塑造柔軟身體！

是否曾經在街上遇見過走路的大嬸呢？只要年紀增長，骨骼或肌肉都會變得僵硬了起來，身體因而無法柔軟地活動。身體一旦變得僵硬，身體線條就會變得不漂亮。即使是身材纖瘦的女人，如果失去了柔軟的線條，原本的女人魅力就會逐漸消失殆盡。

為了隨時都能維持柔軟的身體，請持續練習可以矯正骨骼的姿勢吧！

壯
壯
碰
碰
超市

**大嬸很容易撞到人？啊嗚！**

**走起路來孔武有力的中年婦女，實際上身體並沒有流暢地進行活動。**

利用骨骼矯正姿勢來端正骨骼&肌肉吧！

Column 3

# 體重過重也沒關係嗎？

我想先向讀者們建立一個觀念，那就是體態美人與體重並沒有直接的關係。體態美不美，重要的是骨骼是否維持在端正的狀態。骨骼若是完美，體態也會美麗勻稱，因此即使體重不輕，外表還是能夠顯得魅力十足……

不過……如果體重過重，還是會造成身體過多的負擔唷！體重一旦過重，就算有意識地去調整骨骼，也會因為負擔過大而使骨骼重心下移，產生歪斜的狀態。就算只是進行一般的步行，也會直接對膝蓋或腰部的關節等造成負擔。

對人類而言，各種不同部位的骨骼可以承受的重量不同，不同的骨架也有相應的理想體重。「骨骼的平衡」是塑造完美體態的終極目標，骨骼若能端正，體重應該就能趨於穩定，不同部位也會承受著可堪負荷的重量。

標準體重的換算公式

身高-105至107（kg）

PART 4

以玲瓏有致的身材為目標！

# 不同目的的骨骼矯正姿勢

只要利用骨骼矯正姿勢來調整全身骨架，體態就會跟著改變。一起變身成美人吧！

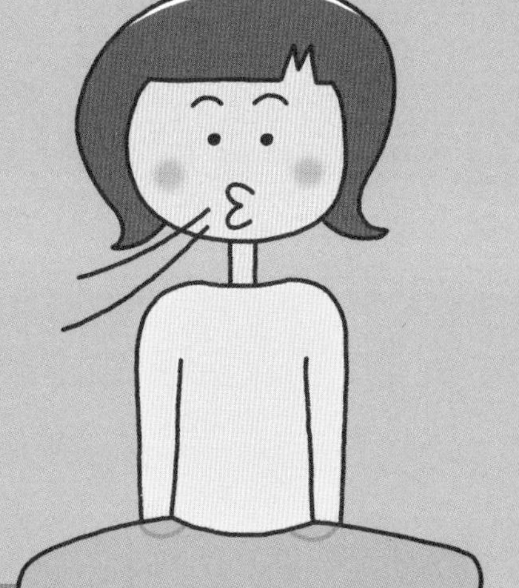

對美的追求永無止盡！
今天也來當個體態美人♡
照鏡子確認！
奇怪？怎麼感覺屁股有點下垂？
可是老師說過，只要做這個姿勢就足夠了啊……
人家想要提臀……
腰身也想更緊緻一些……
胸罩邊腋窩附近的贅肉也想一併剷除啦！
人家想要變得更——美——麗！
前往健身房進行特訓……
嚴重打擊！
這、這個是……
一點也不美……
肌肉發達
肌肉發達

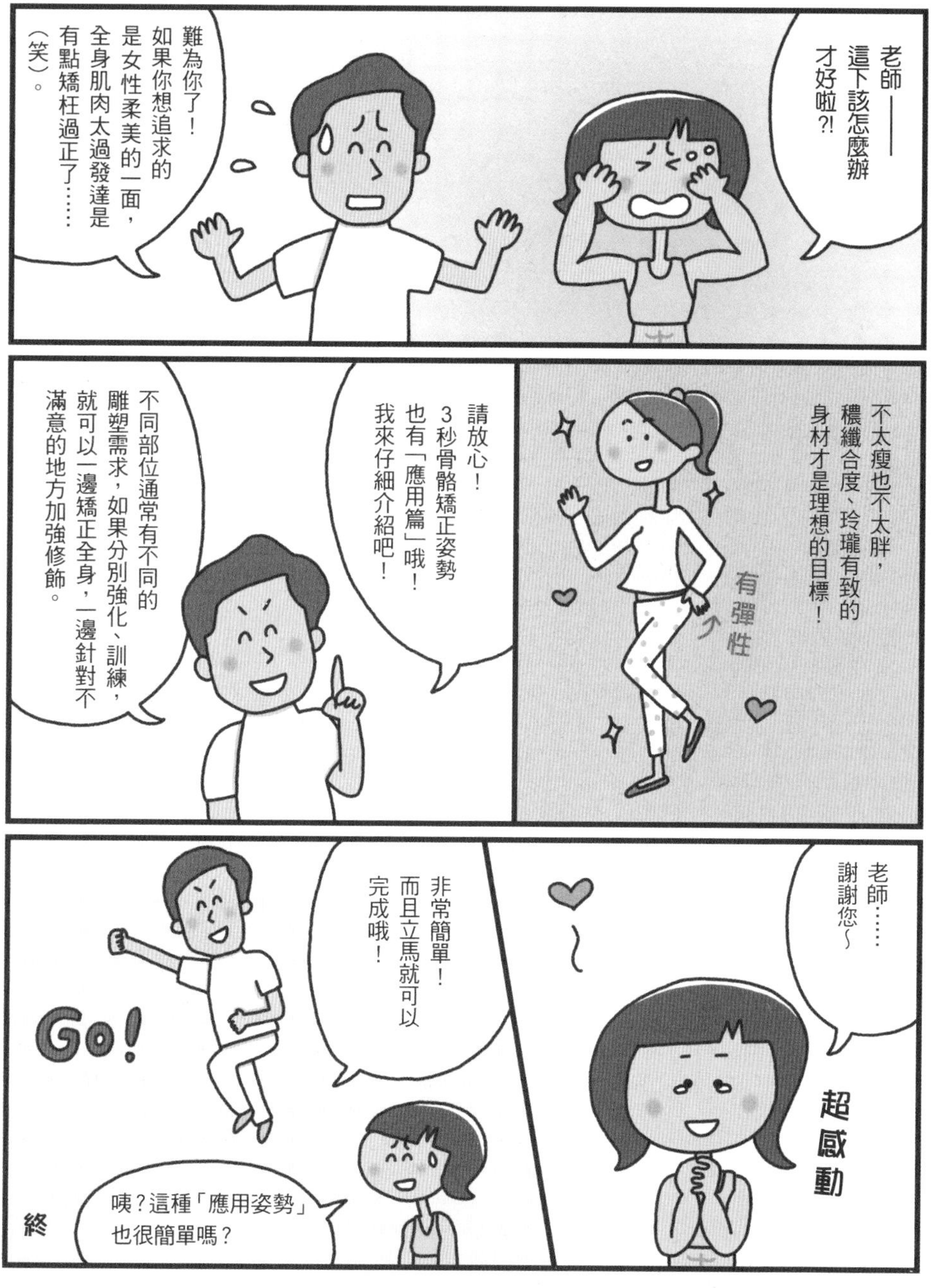

老師——這下該怎麼辦才好啦?!
難為你了！如果你想追求的是女性柔美的一面，全身肌肉太過發達是有點矯枉過正了……（笑）。
不太瘦也不太胖，穠纖合度、玲瓏有致的身材才是理想的目標！
有彈性
請放心！3秒骨骼矯正姿勢也有「應用篇」哦！我來仔細介紹吧！
不同部位通常有不同的雕塑需求，如果分別強化、訓練，就可以一邊矯正全身，一邊針對不滿意的地方加強修飾。
老師……謝謝您～
超感動
非常簡單！而且立馬就可以完成哦！
Go!
咦？這種「應用姿勢」也很簡單嗎？
終

# 依目的追加不同動作！

## 你的理想體態是怎樣？

勻稱的小臉！
挺直的脖子！
美麗的胸部！
腋窩零贅肉&手臂無鬆弛
凹凸有致的腰部！
緊實上提的臀部
端正的骨盆！
緊緻的大腿


**集中加強矯正個人最在意的部位，**
**讓自己擁有一心嚮往的曼妙身材！**

## 「真是令人期待呢～♪」

## 「來做做基本的骨骼矯正姿勢&配套動作吧！」

只要持續進行基本的3秒骨骼矯正姿勢，體態就會端正。若想盡快接近理想的體態，建議試著依照不同的目的，分別追加一些局部鍛鍊的動作。

如果沒有事先將全身的骨骼與肌肉調整好，那麼局部鍛鍊的效果將會因此減半，所以請務必持續做好基本的骨骼矯正姿勢。如果能再加上49頁介紹的「有助於提高效果的矯正姿勢」，整體效果將大大提升。

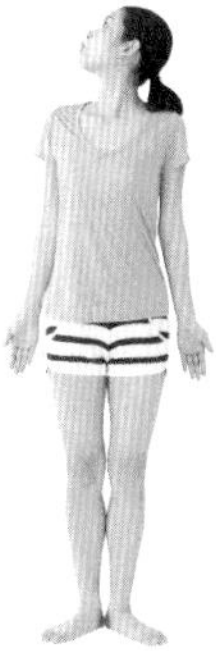

利用使勁反扭的動作，一口氣對付頸部、臉部與腰部的問題！

扭一扭就瘦臉&縮小腹 ←P.90

可預防骨盆歪斜或漏尿等問題，徹底解決下半身的煩惱！

改善下半身線條 ←P.86

集中對付令人在意的腋下脂肪！胸部的線條變得更有型！

徹底擊退上半身贅肉 ←P.92

一邊慢慢半蹲，一邊對付大腿與臀部的鬆弛問題！

美腿&翹臀 ←P.88

## 目的1

# 改善下半身線條

幫助解決骨盆或股關節歪斜、漏尿、下半身肥胖等惱人問題！

1

**將腳尖朝向外側，**
**雙腳大大地張開**

- 雙腳盡可能張開至超過肩膀的寬度
- 左右腳尖最好呈180度朝向外側

CHECK!

**對股關節．內轉肌．**
**骨盆底肌群非常有效!!**

- 解決骨盆與股關節的歪斜
- 具有美腿、提臀的效果
- 幫助預防漏尿
- 改善下半身肥胖

以內轉肌或骨盆底肌群為中心，鍛鍊下半身。當下半身的外形變得好看，女性特有的惱人問題也會隨之解除。

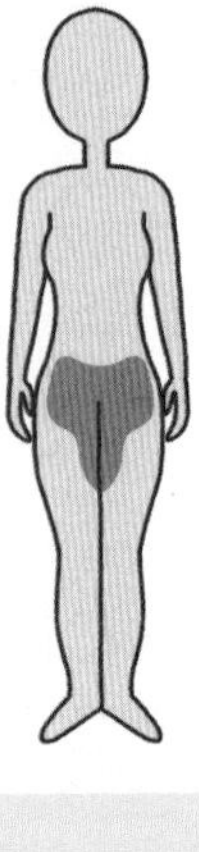

## 2

### 手掌轉向正前方
### 以鼻子吸氣

- 手肘內側也要轉向正前方（→ P. 38）
- 手臂自然地保持張開的狀態

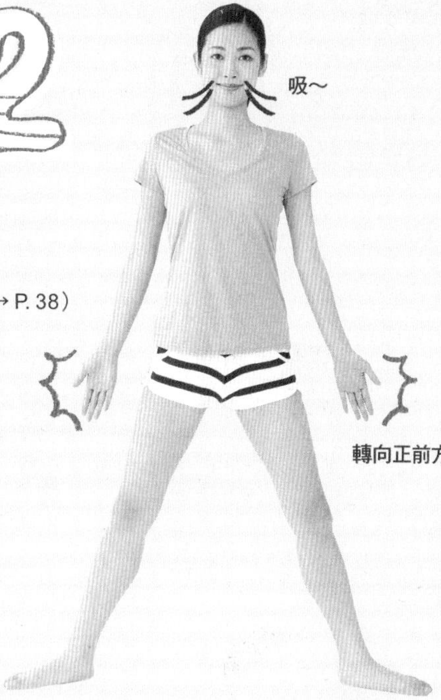
吸~
轉向正前方！

## 3

### 一邊以嘴巴吐氣
### 一邊將雙臂往身體用力靠緊
### 並垂直半蹲

- 膝蓋大約呈90度，盡可能確實地半蹲
- 有意識地將腹部拉直伸展
- 雙臂直直地垂放在腿後方

維持姿勢 **5** 秒鐘！

往身體靠緊
伸展
大約呈90度
慢慢地
半蹲

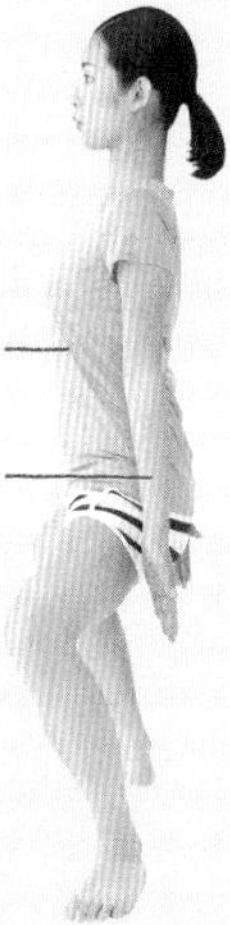
SIDE
上半身
挺直
雙臂放
在後方

請避免身體前傾，半蹲時要保持挺直上半身的狀態

目的2

# 美腿&翹臀

在肥肥的大腿或鬆弛的臀部處集中加壓，藉此雕塑身材！

## 1

**雙腳大大地**
**前後張開**

- 請張開到大約能夠半蹲下來的寬度

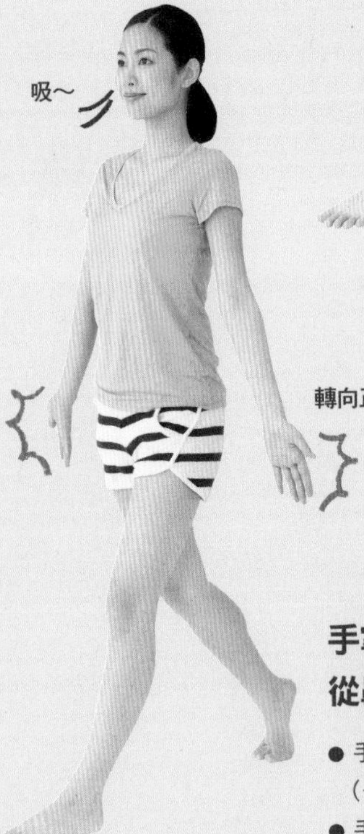


## 2

**手掌轉向正前方**
**從鼻子吸氣**

- 手肘內側也要轉向正前方（→ P.38）
- 手臂自然地保持張開的狀態

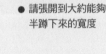

# 3

## 一邊以嘴巴吐氣
## 一邊將雙臂往身體用力靠緊
## 並垂直半蹲

- 有意識地將腹部拉直伸展
- 前腳的膝蓋大約呈90度，盡可能確實地半蹲

維持姿勢
5秒鐘！
往身體靠緊
伸展
大約呈90度
慢慢地
半蹲

前後腳互換，
另一隻腳同樣
進行步驟1至3

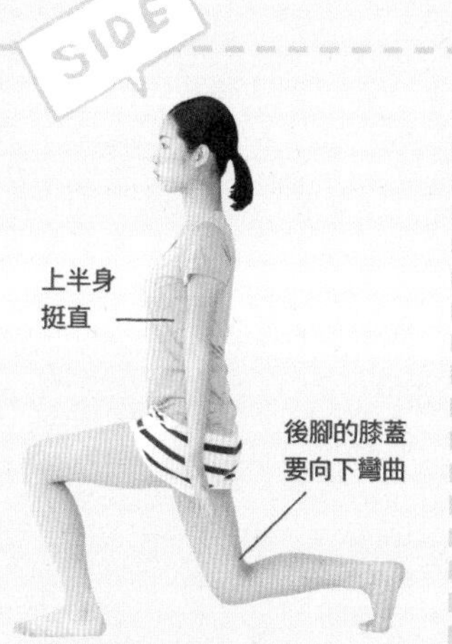
SIDE
上半身
挺直
後腳的膝蓋
要向下彎曲

請避免身體前傾，半蹲時要保持挺直上半身的狀態

CHECK!

## 對整條腿的肌肉＆臀大肌非常有效！

- 讓腿部變得更纖細
- 改善臀部的鬆弛
- 臀部上提
- 改善下半身的血液循環

可對付雙腿肌肉與臀部問題，幫助臀部緊實上提，減少多餘的脂肪。

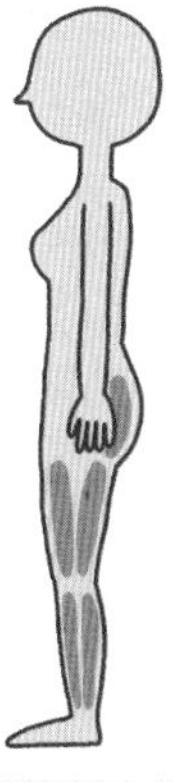

目的3

# 扭一扭就瘦臉&縮小腹

改善頸椎僵直或臉部歪斜的問題，扭轉身體的動作則可雕塑出凹凸有致的腰部曲線！

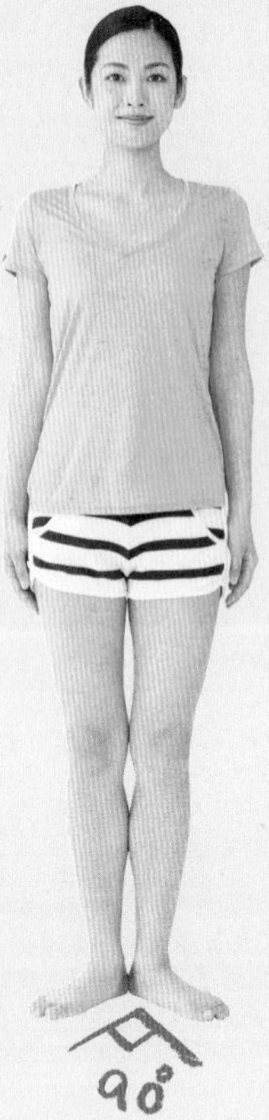


## 1

**雙腳**
**腳後跟併攏**
**呈90度打開**

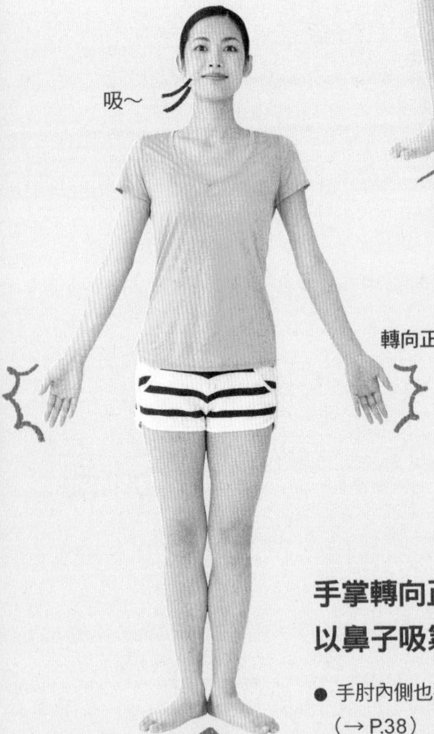


## 2

**手掌轉向正前方**
**以鼻子吸氣**

- 手肘內側也要轉向正前方（→ P.38）
- 手臂自然地保持張開的狀態

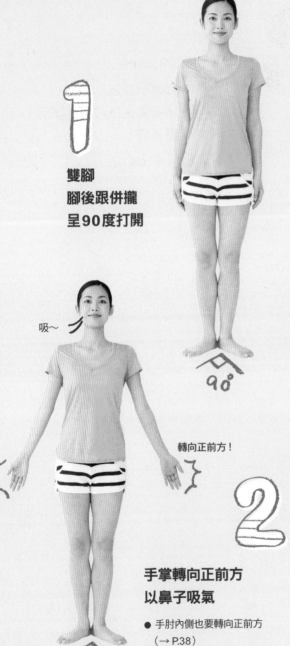

# 3

## 一邊以嘴巴吐氣
## 一邊將雙臂往身體用力靠緊
## 然後上半身使勁地
## 往斜上方扭轉

- 有意識地將腹部拉直伸展
- 僅上半身往上扭轉，骨盆以下的部位則持續面向正前方維持不動的狀態

上半身
往斜上方扭轉
維持姿勢
5秒鐘！
往身體
靠緊
伸展
90°

另一邊
同樣進行
步驟1至3


NG!

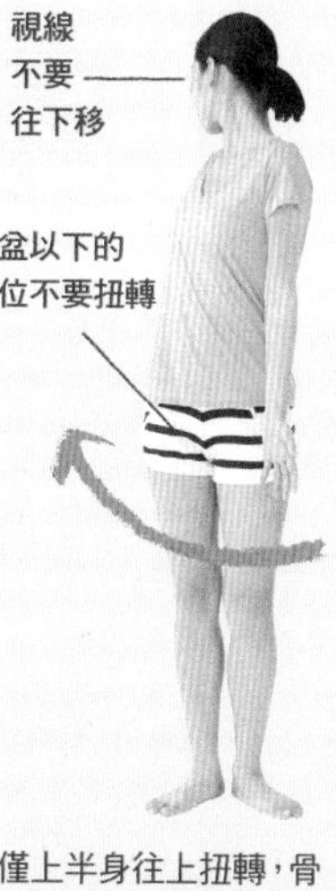

視線
不要
往下移
骨盆以下的
部位不要扭轉


僅上半身往上扭轉，骨盆以下的部位則面向正前方固定不動。

## 對頭頸．臉周肌肉．腰部特別有效！

- 改善頸椎僵直
- 有小臉效果
- 腰身緊緻
- 解除肩膀痠痛

藉由腰部以上往斜上方扭轉的姿勢，可促使骨骼產生連動，以便確實對抗腰部、頭頸部與臉部肌肉的問題。

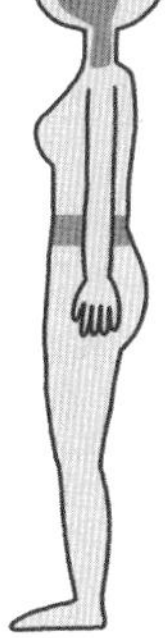

CHECK!

# 目的4

# 徹底擊退上半身贅肉

徹底消除囤積在手臂根部、腋窩、背部一帶的惱人贅肉！

## 1

**雙腳**
**腳後跟併攏**
**呈90度打開**

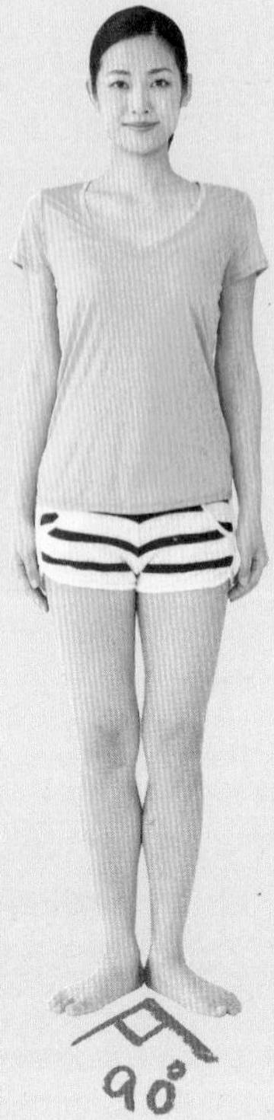


## 2

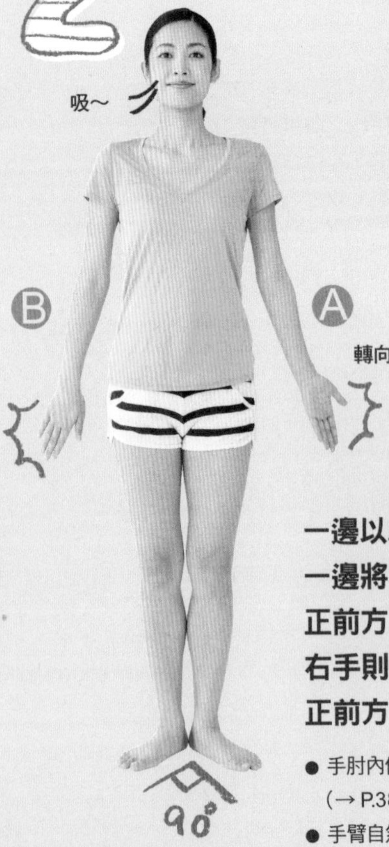


**一邊以鼻子吸氣，**
**一邊將左手掌轉向**
**正前方（A），**
**右手則是將手背轉向**
**正前方（B）**

- 手肘內側也要轉向正前方（→ P.38）
- 手臂自然地保持張開的狀態

## 3 以嘴巴吐氣的同時 Ⓐ往身體用力靠緊 Ⓑ抬高至頭頂之上

● 有意識地將腹部拉直伸展

※手抬高時注意避免扭轉手臂。
若感到疼痛時，請勿勉強往上抬。

NG!

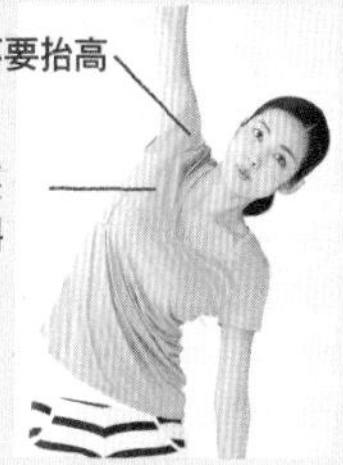
肩膀不要抬高
上半身不要
往旁邊傾斜

上半身請保持挺直的狀態，並請避免聳肩

BACK

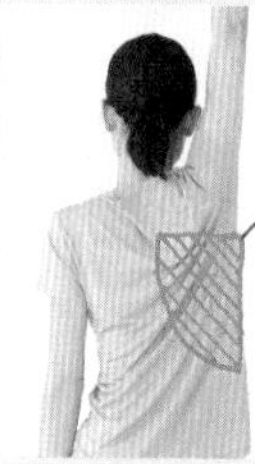
有意識地
鍛鍊這個
部位！

以背部的背闊肌為中心，有意識地去鍛鍊腋下那一帶的肌肉

CHECK!

### 對以背闊肌為中心的腋下深具效果！

- 減少穿胸罩時的腋下脂肪
- 減少背部的贅肉
- 手臂變細
- 使胸部線條變得更有型

以手背向前的方式抬高手臂，這個動作可解決以背闊肌為中心的問題，肩膀的三角肌或胸部的胸大肌等也都能得到強化，促使腋下一帶的線條更加有型。

Ⓑ
維持姿勢
3 秒鐘！
往頭頂方向
抬高
往身體
靠緊
伸展
Ⓐ
左右手交換做，
同樣進行
步驟1至3

# Q&A

## 姿勢怎麼做都做不好啦！

如果身體歪斜得很嚴重，或是持續感到僵硬，一開始可能沒辦法做得很好，甚至會因為作用到以前沒什麼動到的肌肉群，導致肌肉痠痛。在持續進行矯正姿勢的過程中，這些問題會慢慢地得到改善，姿勢也就會做得愈來愈正確。

## 就算生理期・懷孕期間・生產後也可以做嗎？

因為不是激烈的運動，不會帶給全身負荷，所以並不會有問題。由於是以溫和的動作來調整骨盆、矯正全身，因此很值得推薦給產後的婦女們。不過，如果真的遇到身體不適，請不要勉強硬做，先讓身體好好休息吧！

## 能馬上變身成模特兒的體態嗎！？

很遺憾，不可能才做一次就達到脫胎換骨的效果，但是每做一次這個矯正姿勢，就會發現自己的體態漸漸地變得比以前更好。請先試著持續做一個禮拜，感受一下體態上的變化，體會這個矯正姿勢帶來的效果。

## 出現疼痛怎麼辦……

如果出現肌肉痠痛，疼痛症狀通常會隨著時間逐漸消失。如果疼痛狀況持續超過3天仍未消除，請立即中止矯正動作。這樣的疼痛很有可能是因為姿勢的角度、方向或出力的方法錯誤所致。此時請再度確認一下矯正姿勢是否正確。

## 體重還是遲遲降不下來……

這個矯正姿勢目的在於調整全身的骨骼與肌肉，希望使體態變得更完美。因此，必須先將體態端正之後，體重才會開始減輕。與其對於體重耿耿於懷，不如實際感受一下外觀上的變化吧！

## 矯正姿勢非得「1天7次」不可嗎？

本書介紹的姿勢「隨時隨地都能進行」，專為讀者量身打造。每天重複施行3秒矯正姿勢，藉此防止每天不斷累積的歪斜。如果真的覺得很難做滿7次，只要記得將手掌轉向正前方也是OK的！

寫在最後

# 謝謝你耐心地讀完這本書！

我身為一名整體師已超過了二十年，因為顧客的關係，見識過許許多多的身體，感觸頗深。很多人剛來沙龍店的時候，體態完全失衡，一段時日之後，體態就雕塑得很完美；然而，也有不少人成功矯正之後，很快又變成失衡狀態……箇中原因就在於「日常生活」。每天大大小小的動作都可以幫助塑造出健康與美麗，直到下次前來沙龍店接受治療的這段時間，應該要如何在「日常生活」中也持續進行矯正呢？……我站在顧客的立場，不斷思考著，腦海中於焉浮現的就是「將手掌轉向正前方」的這一套3秒骨骼矯正姿勢。

本書使用了「體態美人」或「體態醜」的說法。美或醜並不只是面容的狀態，身體也有美醜之分。我希望除了顧面子，也能幫助大家的身體永遠維持在美人狀態……當然，身體的健康也是件重要的事，健康意識與美體意識缺一不可，因為體態美與健康經常是互相關連、密不可分的。

為了美麗與健康，有意識地去改變日常生活中的動作是件很重要的事。試著將手掌轉向正前方吧！從這個簡單的動作開始，試著讓自己變得更美麗吧！

波多野賢也

國家圖書館出版品預行編目資料

你不是胖！骨正，人就瘦：體態美人的3秒正骨法 / 波多野賢也著；彭小玲翻譯.
-- 初版. -- 新北市：養沛文化館出版：雅書堂文化發行, 2017.06
面； 公分. -- (SMART LIVING養身健康觀；108)
ISBN 978-986-5665-45-6(平裝)

1.塑身 2.姿勢

425.2 106007984

SMART LIVING養身健康觀 108
你不是胖！骨正，人就瘦！
體態美人的3秒正骨法

作　　者／波多野賢也
翻　　譯／彭小玲
發 行 人／詹慶和
總 編 輯／蔡麗玲
執行編輯／李宛真
編　　輯／蔡毓玲・劉蕙寧・黃璟安・陳姿伶・李佳穎
執行美術／陳麗娜
美術編輯／周盈汝・韓欣恬
出 版 者／養沛文化館
發 行 者／雅書堂文化事業有限公司
郵政劃撥帳號／18225950
戶　　名／雅書堂文化事業有限公司
地　　址／新北市板橋區板新路206號3樓
電子信箱／elegant.books@msa.hinet.net
電　　話／（02）8952-4078
傳　　真／（02）8952-4084

2017年06月初版一刷　定價 280元

YASERU! BIJINNINARU! SANBYO KOKKAKU RESET PAUSE
Copyright © 2016 by HATANO KENYA
First published in Japan in 2016 by IKEDA Publishing Co., Ltd.
Traditional Chinese translation rights arranged with PHP Institute, Inc. throght Keio Cultural Enterprise Co., Ltd.

總經銷／朝日文化事業有限公司
進退貨地址／新北市中和區橋安街15巷1號7樓
電話／（02）2249-7714　傳真／（02）2249-8715



**STAFF**

插圖　ゼリービーンズ
設計　中村志保
模特兒　津山祐子（スペースクラフト）
攝影　奥村暢欣
造型　露木　藍（スタジオダンク）
妝髮　サイトウジュンヤ（RICCA）
編輯協力　山口美智子（PORT ANCHOR）
編輯　青木奈保子（ルーズ）
伊達砂丘（フィグインク）
採訪協力　西田和代（プロイデア オフィス）
http://proidea-office.co.jp/
佐藤絵夢　清水京子
前田智子
攝影協力　AWABEES
http://www.awabees.com

你不胖！

只要 3 秒
就能變成體態美人

只要 3 秒
就能變成體態美人